普通高等教育"十二五"规划教材

Visual Basic 程序设计教程实验与题解

李红斌　刘　琼　廖建平　主　编
田萍芳　张志辉　余志兵　副主编
张铭晖　刘　星　胡　静

中国铁道出版社
CHINA RAILWAY PUBLISHING HOUSE

内 容 简 介

本书是普通高等教育"十二五"规划教材《Visual Basic 程序设计教程》(田萍芳、刘琼、张志辉主编，中国铁道出版社出版)的配套教学参考书。

本书结合课程教学和实验的特点，在章节安排上与主教材教学篇章配套。全书内容分为两部分：第一部分为实验指导，并在其中增加了"常见错误"部分，将多年来在教学中遇到的问题罗列出来，通过指导学生上机练习、编写程序，提高学生程序设计应用能力；第二部分是习题与解答，与主教材各章内容相对应，供学生课后练习使用。

本书实验安排恰当，例题、习题丰富，分析透彻，适合作为高等院校 Visual Basic 程序设计的实验教学用书，也可作为 Visual Basic 程序设计自学者的参考书及全国计算机等级考试培训的实验指导教材。

图书在版编目（CIP）数据

Visual Basic 程序设计教程实验与题解 / 李红斌，刘琼，廖建平主编. — 北京：中国铁道出版社，2014.2（2015.2 重印）
普通高等教育"十二五"规划教材
ISBN 978-7-113-17935-9

Ⅰ. ①V… Ⅱ. ①李… ②刘… ③廖… Ⅲ. ①BASIC 语言－程序设计－高等学校－教学参考资料 Ⅳ. ①TP312

中国版本图书馆 CIP 数据核字（2013）第 320750 号

书　　名：Visual Basic 程序设计教程实验与题解
作　　者：李红斌　刘　琼　廖建平　主编

策　　划：	徐海英	读者热线：	400-668-0820
责任编辑：	翟玉峰　包　宁	特邀编辑：	孙佳志
封面设计：	付　巍		
封面制作：	白　雪		
责任校对：	汤淑梅		
责任印制：	李　佳		

出版发行：中国铁道出版社（100054，北京市西城区右安门西街 8 号）
网　　址：http://www.51eds.com
印　　刷：北京尚品荣华印刷有限公司
版　　次：2014 年 2 月第 1 版　　2015 年 2 月第 2 次印刷
开　　本：787mm×1 092mm　　1/16　　印张：13　　字数：322 千
印　　数：3 001～5 000 册
书　　号：ISBN 978-7-113-17935-9
定　　价：28.00 元

版权所有　侵权必究

凡购买铁道版图书，如有印制质量问题，请与本社教材图书营销部联系调换。电话：(010) 63550836
打击盗版举报电话：(010) 51873659

前　言

　　学习程序设计语言的目的是能够更好地与计算机进行交流，利用计算机来解决相关的问题，所以上机实验是学习程序设计语言中一项必不可少的环节。在实践中了解一门程序设计语言，在实践中提高程序设计能力，是本书编写的最终目的。本书是一本指导学生上机编程的实验教材，书中所有实验都在 VB 6.0 中运行通过，通过上机训练进一步理解相关知识，提高程序设计应用能力。

　　本书从 Visual Basic（以下简称 VB）集成环境及可视化编程基础开始，引导读者逐步熟悉并掌握 VB 的数据类型、程序的基本结构与流程控制、数组的操作、过程与函数，掌握应用程序的界面设计以及数据文件、图形操作和 VB 对数据库的访问。

　　本书结合课程教学和实验的特点，将其分为两大部分：第一部分为实验指导，共编写了 14 个实验。需要说明的是，书中对实验给出的题解仅供参考，不要被书中的代码和思路所束缚，条条大道通罗马，关键是读者要能够抓住重点，开拓思路，从而提高分析问题、解决问题的能力。第二部分是习题与解答，本部分习题与教材各章内容相对应，参照计算机等级考试二级的难度标准，并附有参考答案，以期对参加全国计算机等级考试（二级 VB）的读者有所帮助。

　　本书由李红斌、刘琼、廖建平主编，并负责全书的统稿与定稿工作；田萍芳、张志辉、余志兵、张铭晖、刘星、胡静任副主编。在本书的编写过程中，得到了武汉科技大学计算机学院领导的大力支持与帮助，在此表示感谢。

　　由于编写时间仓促以及编者水平有限，书中难免出现疏漏或不足之处，恳请同行及读者批评指正，在此表示衷心感谢。

编　者

2013 年 12 月

目 录

第一部分 实 验 指 导

实验一 VB集成环境和可视化编程基础 1
实验二 VB语言基础和顺序结构 14
实验三 选择结构 19
实验四 循环结构（一） 24
实验五 循环结构（二） 29
实验六 数组的使用 35
实验七 字符串的应用 43
实验八 过程与函数 48
实验九 标准控件（一） 57
实验十 标准控件（二） 63
实验十一 用户界面设计 68
实验十二 数据文件 76
实验十三 图形与多媒体应用 87
实验十四 数据库应用 103

第二部分 习题与解答

习题一 VB简介 113
习题二 VB可视化编程基础 116
习题三 VB语言基础 121
习题四 程序控制结构 126
习题五 数组 140
习题六 过程 156
习题七 用户界面设计 167
习题八 数据文件 174
习题九 图形与多媒体应用 184
习题十 数据库应用基础 186
参考答案 188

附 录

附录A 全国计算机等级考试二级VB考试大纲 194
附录B VB程序设计基础实验报告格式要求 199

第一部分 实 验 指 导

实验一 VB 集成环境和可视化编程基础

实验目的：
- 了解 VB 6.0 系统对计算机软/硬件的要求。
- 掌握启动与退出 VB 6.0 的方法。
- 熟悉 VB 6.0 的开发环境。
- 掌握与窗体、标签、文本框和命令按钮相关的属性、事件及方法。
- 熟练掌握在窗体上创建上述控件的操作方法。
- 掌握建立、编辑和运行 VB 应用程序的全过程。

知识要点：

1. VB 的主要特点

① 方便、直观的可视化设计工具。
② 面向对象程序设计方法。
③ 事件驱动的编程机制。
④ 易学易用的应用程序集成开发环境。
⑤ 结构化程序设计语言。
⑥ 完备的联机帮助功能。
⑦ 强大的多媒体、数据库和网络功能。

2. VB 中类和对象的概念

类是同类对象集合的抽象，它规定了这些对象的公共属性和方法；对象是类的一个实例。对象的三要素包括：属性、方法和事件。

① 属性用于描述对象的外部特征。不同的对象有不同的属性，也有一些属性是公共的。利用属性窗口或代码窗口可对对象的属性进行设置。

② 方法是附属于对象的行为和动作。它实际上是对象本身所内含的一些特殊的函数或过程，通过调用这些函数或过程可实现相应的动作。

③ 事件是由 VB 预先设置的、能被对象识别的动作。一个对象可以识别和响应多个不同的事件。VB 程序的执行通过事件来驱动，当在该对象上触发某个事件后，就执行一个与事件相关的事件过程；当没有事件发生时，整个程序就处于等待状态。

3. 创建 VB 应用程序的过程

① 建立用户界面的控制对象（简称控件）。
② 控件属性的设置。
③ 控件事件过程及编程。
④ 保存应用程序。
⑤ 程序调试和运行。

4. VB 集成开发环境

（1）工作状态的三种模式

① 设计模式：可以进行程序的界面设计、属性设置、代码编写等。在此模式下，单击 ▶ 按钮进入运行模式。

② 运行模式：可以查看程序代码，但不能对其进行修改。当程序运行出错或单击 ‖ 按钮可暂停程序的运行，进入中断模式。

③ 中断模式：可以查看程序代码、修改程序代码、检查数据。单击 ■ 按钮可停止程序的运行；单击 ▶ 按钮继续运行程序，进入运行模式。

（2）编辑程序代码的主要窗口

包括：主窗口、工具箱窗口、属性窗口、代码窗口、工程资源管理器窗口。

（3）程序运行和生成可执行文件

程序运行操作：选择"运行"→"启动"命令，本方法便于程序调试，但速度较慢。

生成可执行文件操作：选择"文件"→"生成.exe"命令，本方法生成的可执行文件可脱离 VB 环境直接运行。

5. VB 程序的组成与管理

（1）VB 程序的组成

在 VB 中，一个应用程序是以工程文件.vbp 的形式保存的，一个工程中必须包含一个也可以包含多个.frm 窗体文件，还可有.bas 标准模块文件及.cls 类模块文件。

（2）保存程序

一般在保存程序时，会先显示保存窗体.frm 的对话框，如果有一些.bas 或.cls 文件，也需要一一保存，最后保存工程文件。所以，在保存文件的时候，要注意看清楚保存的到底是一些什么样的扩展名文件。

（3）打开工程

一般在打开一个工程的时候，系统会自动装入和这个工程相关的所有的文件。这也就是说，保存好的.frm 文件不要随便修改名字，否则会出现找不到窗体的情况。

6. 窗体的属性、事件和方法

（1）属性

窗体的属性决定了窗体的外观和操作。对象属性在程序设计时既可以在属性窗口中手工设置，也可以在程序运行时由代码来实现。

（2）常用事件

窗体的常用事件有 Load、Click、DblClick、Activate 和 Deactivate 等。其中，Load 事件是当窗体

被装入工作区时触发的事件,常用来在启动应用程序时对属性和变量进行初始化。Activate是当一个窗体成为活动窗口时所触发的事件。Deactivate是当另一个窗体或应用程序被激活时,当前窗体所发生的事件。

(3)常用方法

窗体的方法很多,其中许多方法都调用文本和图形,用于直接在窗体表面上输出、写或画,如Print、Circle等。还有一些方法对窗体的行为产生影响,如Show方法使一个窗体可见,Hide方法用于隐藏。

7. 在窗体上添加控件

窗体是设计VB应用程序的一个基本平台,几乎所有的控件都是添加在窗体上的。对于生成的控件,可以调整控件的大小、移动位置,使用网格定位多个控件,还可以进行排列、调整大小等。另外,在VB中还允许可视化地创建和编辑控件数组,这对于编组使用选择框、命令按钮等控件提供了很大方便。

8. 控件的属性

每一个控件都有自己的属性,不同的控件虽然有许多不同于其他控件的特有属性,但也有许多属性是其他控件都具有的,如标题(Caption)、名称(Name)、颜色(Color)、字体大小(FontSize)、是否可见(Visible)等,它们在各自控件中的含义也相同。

9. 焦点的概念

焦点的功能是接收用户鼠标或键盘输入。大部分控件可以接收焦点,如文本框、命令按钮等。

10. Tab 键顺序

所谓Tab键顺序,就是按【Tab】键时焦点在各个控件上移动的顺序。当窗体上有多个控件时,系统会对这些控件分配一个Tab键顺序,并将该顺序存放在TabIndex属性中。通过设置控件的TabIndex属性也可以人为地设定Tab键顺序。

11. 命令按钮控件

命令按钮是Windows应用程序中最常用的控件,它一般用于完成某种功能,主要接收Click事件,当用户单击它时将引发相应的事件过程。

12. 标签控件

标签控件主要用来在窗体上相对固定的位置上显示文本信息。标签控件不能作为输入信息的界面,所以它通常用于注释功能,或输出显示结果。

13. 文本框控件

文本框控件也称为编辑控件,常用来接收用户的输入信息,也可以在运行时通过代码赋予控件内容作为输出信息。在文本框控件中还可以显示多行文本。

实验示例:

例1.1 创建一个"标准EXE"程序。界面设计如图1-1所示,当单击"显示"按钮时,显示"武汉科技大学欢迎您!",当单击"清除"按钮时,文本框中无内容。以lq1-1.frm和lq1-1.vbp为文件名进行保存,同时生成一个名为lq1-1.exe的文件。

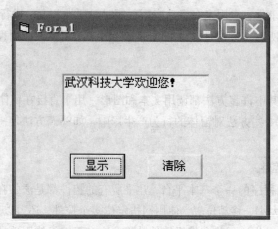

图1-1 例1.1运行界面

操作步骤：

（1）设置窗体上各控件的属性

属性值如表1-1所示。

表1-1 属 性 设 置

控件名称	属 性	属 性 值
Text1	Text	—
Command1	Caption	显示
Command2	Caption	清除

（2）代码设计

```
Private Sub Command1_Click()
    Text1.Text = "武汉科技大学欢迎您！"
End Sub
Private Sub Command2_Click()
    Text1.Text = ""
End Sub
```

（3）调试、保存程序，生成标准EXE程序

① 单击"保存"按钮，保存工程，以文件名lq1-1.frm和lq1-1.vbp进行存储。

② 选择"文件"→"生成lq1-1.exe"命令，则可以生成一个.exe文件，该文件在没有VB集成环境的情况下也可以直接运行。

例1.2 窗体的属性设置。

通过本示例要求能掌握在属性窗口中对窗体以及控件的属性的设置方法，窗体常用属性所代表的特性。

操作步骤：

① 新建一个工程，打开属性设置窗口。

② 设置名称（Name）属性。此属性在窗体创建时默认名为Form1，一般不需要修改。也可以在属性窗口中选择名称属性项，将其名字更改成其他的名字。

③ 设置Caption属性。将窗体的标题属性Caption改成"窗体属性设置"。

④ 设置Icon属性。选中此属性，单击Icon属性框右边的…（省略号）按钮，弹出"加载图标"

对话框。在该对话框中选择一个图标文件，并单击"确定"按钮。

⑤ 设置Picture属性，选择此属性，单击Picture属性框右边的…（省略号）按钮，弹出"加载图片"对话框。在该对话框中选择一个图片文件，并单击"确定"按钮。

---注 意---
第④、⑤步在实际操作时要准备图标文件和图片文件两个素材，可在本地计算机上查找或在网上下载。图标文件的扩展名是.ico，图片文件的扩展名可以是.bmp、.jpg等格式文件。

单击工具栏中的"启动"按钮 ▶ 运行程序。此时窗体界面如图1-2所示，标题栏左侧的控制菜单图标为刚刚选定的图标，在窗体最小化时也以该图标显示。

图1-2 例1.2窗体界面

试着修改窗体的MaxBotton、MinBotton、ControlBox的属性为False，然后运行程序，可以发现这三个属性可以让窗体的"最小化"、"最大化"和"关闭"按钮隐藏。

Moveable属性：选中此属性，在右边一列中选择False，然后单击工具栏中的"启动"按钮 ▶ ，运行程序。此时窗体为不可移动状态，即用鼠标不能拖动窗口。

BorderStyle属性：选中此属性，在右边列表中选择1-Fixed Single，然后单击"启动"按钮 ▶ ，运行程序。此时窗体为边框不可调状态，用鼠标不能拖动窗体边框调整窗体大小，也不显示最大化、最小化按钮。

ShowInTaskbar属性：在窗体的ControlBox属性为True的情况下，选中此属性，右边列中默认值为True。单击"启动"按钮 ▶ ，运行程序。发现该程序图标出现在Windows任务栏中。单击"结束"按钮 ■ ，结束程序运行。重新设置ShowInTaskbar属性值为False，然后再一次运行程序，发现该程序没出现在Windows任务栏中。

例1.3 窗体的常用事件。

通过本例要求了解窗体的常见事件是何时发生的，如何响应事件、编写事件过程代码。

（1）Load事件

Load事件通常用来在启动应用程序时对属性或变量进行初始化。

新建一个工程，在Load事件中输入如下代码：

```
Private Sub Form_Load()
   Me.Caption = "窗体Load事件"
   Me.FontSize = 20            ' 设置窗体显示文字的大小
End Sub
```

运行程序，此时窗体标题栏为"窗体Load事件"，说明在启动应用程序时通过程序代码对窗体的Caption属性进行初始化，并对FontSize属性也进行了初始化，如图1-3所示。

图1-3 Load事件演示

（2）Click事件

对窗体的Click事件过程编写代码如下：

```
Private Sub Form_Click()
   Me.Caption = "窗体Click事件"
   Print "欢迎参加VB学习！"
End Sub
```

运行程序，此时窗体标题栏仍为"窗体Load事件"，这说明在启动应用程序时先触发的是Load事件。单击窗体，此时窗体标题栏变为"窗体Click事件"，窗体中显示的文字是"欢迎参加VB学习！"，20号字，如图1-4所示，说明单击窗体时，触发了Click事件。

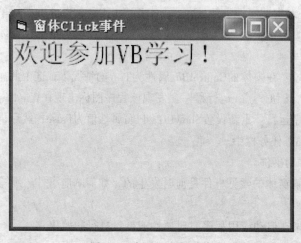

图1-4 例1.3运行界面

例1.4 窗体常用方法。

通过本例要求掌握窗体Show（显示）、Hide（隐藏）、Cls（清除）、Print（打印输出）等常用方法的使用。

操作步骤：

① 新建一个工程，窗体名称为系统默认名称Form1，Caption属性设置为"显示和隐藏操作"。在窗体上创建两个命令按钮，名称分别取默认名称Command1、Command2，Caption属性分别为"显示窗体""隐藏窗体"，如图1-5所示。

② 在当前工程中添加一个新的窗体Form2，添加新窗体的操作方法：在工程窗口空白处右击，在弹出的快捷菜单中选择"添加"→"添加窗体"命令。将新窗体的Caption属性设置为"画圆和打印窗体"。在窗体中建立三个命令按钮，名称分别为默认名Command1、Command2、Command3，分别将其Caption属性设置为"画圆""打印""清除"，如图1-6所示。

图 1-5　显示和隐藏窗体

图 1-6　新添加的窗体

③ 窗体的显示和隐藏方法。

在Form1窗体的代码窗口中输入如下代码：
```
'响应"显示窗体"命令按钮单击事件
Private Sub Command1_Click()
    Form2.Show        '使新窗体显示
End Sub
'响应"隐藏窗体"命令按钮单击事件
Private Sub Command2_Click()
    Form2.Hide        '使新窗体隐藏
End Sub
```

④ 用于在窗体上绘图和打印输出的方法。

在Form2窗体的代码窗口中输入如下代码：
```
'响应"画圆"命令按钮单击事件
Private Sub Command1_Click()
    Form2.Circle(3200, 1500), 1200    '以 3200,1500 为圆心，1200 为半径画圆
End Sub
'响应"打印"命令按钮单击事件
Private Sub Command2_Click()
    Dim r As Integer
    r = 10
    Form2.Print "半径为"; r; "的圆的面积为: "; 3.14 * r * r
End Sub
'响应"清除"命令按钮单击事件
```

```
Private Sub Command3_Click()
    Form2.Cls                          '清除窗体上的图形或文字
End Sub
```

⑤ 运行程序。

运行程序时，此时出现"显示和隐藏操作"窗体，单击"显示窗体"按钮，弹出"画圆和打印窗体"；单击"隐藏"窗体按钮，又可将该窗体隐藏。

在"画圆和打印窗体"窗口中单击"画圆"按钮，运行窗体如图1-7所示。单击"清除"按钮后再单击"打印"按钮，运行结果如图1-8所示。

 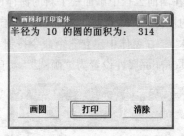

图1-7　例1.4单击"画圆"运行结果　　　　图1-8　例1.4单击"打印"运行结果

⑥ 设置启动窗体。

如果一个工程中有两个以上的窗体，系统默认第一个窗体（如本例中Form1）为启动窗体，如果要改变启动窗体，如本例中可将窗体Form2在程序运行时直接显示，即将Form2设置为启动窗体。操作方法：选择"工程"→"工程属性"命令，弹出"工程属性"对话框，如图1-9所示。选择"通用"选项卡，在"启动对象"下拉列表框中选择Form2窗体作为新的启动窗体。运行程序，屏幕显示的是"画圆和打印窗体"，而不是"显示和隐藏操作"窗体。

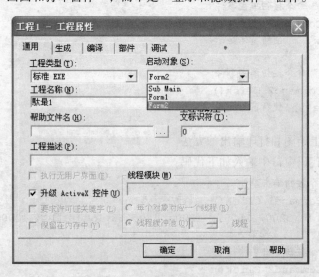

图1-9　工程属性对话框

例1.5　控件的常用属性。

通过本例要求了解控件的常用属性如Enabled（是否可用）、Visible（是否可见）、Font（字体）、Color（颜色）所代表的特征以及设置方法。

操作步骤：

（1）界面设计

新建一个工程，设计图1-10所示的窗体界面。各控件保留系统默认名称，文本框名称从上到下分别为text1、text2、text3、text4。命令按钮名称从左到右分别为Command1、Command2。修改命令按钮的Caption属性，如图1-10所示。

图 1-10　例 1.5 窗体设计界面

（2）编写事件过程代码

① 响应窗体Load事件，编写如下事件过程代码，按要求设置输出结果的文本框的Font、Color属性。

```
Private Sub Form_Load()
    Text2.FontName = "仿宋_GB2312"
    Text2.FontSize = 16
    Text2.FontBold = True                      ' 粗体
    Text2.FontItalic = False                   ' 不倾斜
    Text2.FontUnderline = True                 ' 带下画线
    Text3.FontName = "隶书"
    Text3.FontSize = 18
    Text4.BackColor = RGB(255, 255, 255)       ' 白底
    Text4.ForeColor = RGB(255, 0, 0)           ' 红字
End Sub
```

② 响应"显示"命令按钮单击事件，编写事件过程代码如下：

```
Private Sub Command1_Click()
    Text2.Text = Text1.Text
    Text3.Text = Text1.Text
    Text4.Text = Text1.Text
    Text1.Visible = False              ' 输入文本框text1不可见
    Command1.Enabled = False           ' "显示"命令按钮不可用
    Command2.Enabled = True            ' "清除"命令按钮可用
End Sub
```

③ 响应"清除"命令按钮单击事件，编写事件过程代码如下：

```
Private Sub Command2_Click()
    Text1.Text = ""
    Text2.Text = ""
    Text3.Text = ""
    Text4.Text = ""
```

```
        Text1.Visible = True              '输入文本框可见
        Text1.SetFocus                    '输入文本框获取焦点
        Command1.Enabled = True           '"显示"命令按钮可用
        Command2.Enabled = False          '"清除"命令按钮不可用
End Sub
```

（3）运行程序

先单击"清除"命令按钮，此时将各个文本框中的内容全部清除，并使第一个文本框获取焦点，"清除"命令按钮呈灰色，为不可选择状态，界面如图1-11所示。

在输入文本框中输入一段文字，然后单击"显示"命令按钮，各文本框按设置要求重复显示输入的文字，同时隐藏输入文本框，"显示"命令按钮呈灰色，为不可用状态，"清除"命令按钮呈可用状态，结果如图1-12所示。

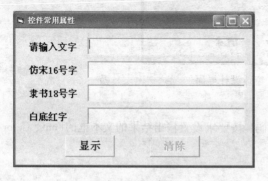
图1-11 例1.5 运行界面（一）

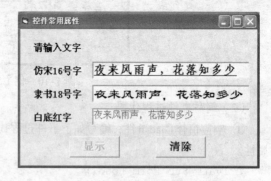
图1-12 例1.5 运行界面（二）

例1.6 文本框、命令按钮和标签的综合使用。

通过本例要求了解基本控件文本框、命令按钮、标签在程序界面中的作用、用法。在以后的程序设计中会经常用到。

设计图1-13所示的窗体界面——一个简单加法器。3个文本框从左到右的名称分别为Text1、Text2、Text3，2个命令按钮从左到右的名称分别是Command1、Command2。

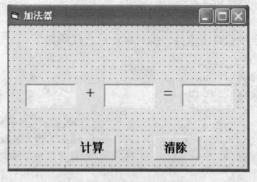
图1-13 例1.6 窗体界面

响应"计算"命令按钮单击事件，事件过程代码如下：

```
Private Sub Command1_Click()
    Dim x As Single
    Dim y As Single
    x = Val(Text1.Text)
```

```
    y = Val(Text2.Text)
    Text3.Text = x + y
End Sub
```
响应"清除"命令按钮单击事件,事件过程代码如下:
```
Private Sub Command2_Click()
    Text1.Text = ""
    Text2.Text = ""
    Text3.Text = ""
    Text1.SetFocus    '获取焦点
End Sub
```
运行程序,可将窗体作为一个加法器使用,单击"计算"按钮,即可显示加法结果。在这个例子中可以看到:文本框既可以作为输入数据的控件,也可以作为输出数据的控件。命令按钮常用来响应单击事件,而标签用来显示标题名称。

实验习题:

1. 设计一个程序,用窗体模拟黑板,单击窗体时输出提问,双击时显示答案。

题目分析:把窗体设置成黑板模样,要设置窗体的BackColor属性为黑色,ForeColor属性为白色(模拟粉笔字的颜色),而单击、双击时的输出显示可以在Click、DblClick事件里用Print和Cls方法实现。

2. 设计图1-14所示的窗体界面,当分别单击"红""绿""蓝"命令按钮时,窗体的背景颜色也分别显示为"红色""绿色""蓝色",同时要求每单击一个命令按钮,该按钮消失,即隐藏起来。当单击窗体时,3个命令按钮又可出现在窗体中。

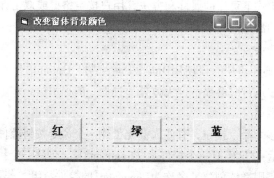

图1-14 实验习题2窗体界面

3. 设计窗体界面,其中用3个文本框分别输入一个学生的平时成绩、上机成绩和期末成绩;第四个文本框输出总评成绩。(平时成绩、上机成绩、期末成绩分别占总评成绩的10%、20%、70%)。

常见错误:

(1)标点符号错误

在VB程序中只允许使用西文标点符号,任何中文标点符号在程序编译时都会产生"无效字符"错误,因此在写程序的时候不要使用汉字和中文标点符号。中、西文状态下标点符号对照如表1-2所示。

表 1-2　中、西文状态下标点符号对照

西文	,	.	'	"	;	-	<
中文	，	。	'	"	：	——	《

（2）字母和数字形状相似

字母L的小写"l"和数字"1"的形状几乎相同，字母O的小写"o"与数字"0"也难以区分，这在输入代码时要十分注意，避免单独作为变量名使用。

（3）对象名称（Name）属性写错

在窗体上创建的每个控件都有默认的名称，用于在程序中唯一地标识该控件对象。系统为每个创建的对象提供了默认的对象名，例如Text1、Text2、Command1、Label1等。用户可以将属性窗口的（名称）属性改为自己所指定的可读性好的名称，如txtInput、txtOutput、cmdOk等。对初学者来说，由于程序较简单、控件对象使用较少，还是用默认的控件名比较方便。

当程序中的对象名写错时，系统显示"要求对象"的信息，可以在代码窗口的"对象"列表框中检查该窗体所使用的对象名称是否一致。

（4）Name属性和Caption属性混淆

Name属性的值用于在程序中唯一地标识该控件对象，在窗体上不可见；而Caption属性的值是在窗体上显示的内容。这两个属性一定要正确区分。

（5）对象的属性名、方法名写错

当程序中对象的属性名、方法名写错时，VB系统会显示"方法或数据成员未找到"信息。在编写程序代码时，尽量使用自动列出成员功能，即当用户在输入控件对象名和句点后，系统自动列出该控件对象在运行模式下可用的属性和方法，用户按空格键或双击即可，这样既可减少输入次数也可防止此类错误的出现。

（6）语句书写位置错误

在VB中，除了在"通用声明"段使用Dim等变量声明、Option语句外，任何其他语句都应写在事件过程中，否则程序运行时会显示"无效外部过程"的提示信息。

（7）无意形成控件数组

若要在窗体上创建多个命令按钮，有些人会先创建一个命令按钮控件，然后对该控件进行复制、粘贴，这时系统显示："已经有一个控件为'Command1'，创建一个控件数组吗？"的提示信息，若单击"是"按钮，则系统创建了名称为Command1的控件数组。若要对该控件的 Click事件过程编程，系统显示的框架如下：

```
Private Sub Command1_Click(Index As Integer)
End Sub
```

其中，Index表示控件数组的下标。

若非控件数组，Click事件过程的框架如下：

```
Private Sub Command1_Click()
End Sub
```

注　意

直到学习第6章数组前，建议不使用控件数组。

（8）打开工程时找不到对应的文件

一般来说，一个再简单的应用程序也应由一个工程.vbp文件和一个窗体.frm文件组成。工程文件记录该工程内所有文件（窗体.frm文件、标准模块.bas文件、类模块.cls文件等）的名称和所存放的路径。

若在上机结束后，把文件复制到移动硬盘上保存，但又少复制了某个文件，下次打开工程时就会显示"文件未找到"。也有在VB环境外，利用Windows资源管理器或DOS命令将窗体文件等重命名，而工程文件内记录的还是原来的文件名的情况，这样也会造成打开工程时显示"文件未找到"的提示信息。解决此问题的方法：一是修改.vbp工程文件中的有关文件名；二是通过选择"工程"→"添加窗体"→"现存"命令，将修改后的窗体加入工程中。

实验二　VB 语言基础和顺序结构

实验目的：
- 掌握 VB 的数据类型和变量定义方法。
- 掌握 VB 的运算符和表达式。
- 掌握 VB 的常用函数的使用方法。
- 掌握 VB 数据输入/输出的方法。
- 正确使用 VB 赋值语句。
- 学会设计简单的顺序结构程序。

知识要点：

1. 数据类型

在 VB 程序设计语言中使用不同的表示形式来记录这些数据，即数据类型。VB 提供的基本数据类型有数值型、字符型、日期型、逻辑型、变体型和对象型。

2. 常量

在程序执行过程中保持不变的数据称为常量。例如，在计算面积时，可以将圆周率设置为一个常量。在 VB 中，常量分为两种，直接常量和符号常量。

3. 变量

在程序执行过程中，其值可以改变的量称为变量。

（1）显式声明定义变量

使用声明语句定义变量称为显式声明，语法格式如下：

Dim 变量名 [As 数据类型][,变量名 [As 数据类型]]…

（2）隐式声明定义变量

不声明直接使用变量称为隐式声明，所有隐式声明变量都是变体型，VB 会自动根据数据值对其规定数据类型，例如：

A=25　　' A 为 Integer 类型

4. 运算符和表达式

（1）算术运算符与算术表达式

算术运算符是进行数学运算的运算符，运算对象是数值型数据。

算术表达式又称数值表达式，是用算术运算符把数值型常量、变量、函数连接起来的式子。表达式的运算结果是一个数值型数据。

（2）字符串运算符与字符串表达式

字符串运算符又称连接运算符，其功能是将两个字符串连接起来，结果是一个字符串。字符串运算符有两个，即"+"和"&"。

字符串表达式是用字符串运算符把字符型常量、变量、函数连接起来的式子。表达式的运算结果是一个字符型数据。

（3）关系运算符与关系表达式

关系运算符用于比较两个表达式之间的大小关系，又称比较运算符，关系表达式是用关系运算符连接起来的式子。表达式的运算结果是逻辑值，即结果为 True 或 False。

（4）逻辑运算符与逻辑表达式

逻辑运算符用于将操作数进行逻辑运算，又称布尔运算符，逻辑表达式是用逻辑运算符连接起来的式子。运算结果是逻辑值。

5．VB 的内部函数

在 VB 6.0 中有很多内置函数，每个内置函数完成某个特定的功能。直接使用这些内置函数即可，使用函数又称函数调用。

函数调用的一般格式如下：

函数名(参数表)

参数放在圆括号内，若有多个参数，以逗号间隔。

6．VB 的赋值语句

赋值语句是程序设计中最基本、最常用的语句，语法格式如下：

　<变量名>=<表达式>

或

[<对象名>.]<属性名>=<表达式>

功能：计算右端表达式的值，并把结果赋值给左端的变量或对象属性。其中"="符号被称为赋值号。

7．InputBox()函数

InputBox()函数可以产生一个对话框，这个对话框作为输入数据的界面，等待用户输入数据，并返回所输入的内容。语法格式如下：

格式：InputBox(<提示信息>[,<对话框标题>][,<默认值>][,xpos][,ypos])

8．MsgBox()函数

MsgBox()函数的功能是，当操作有疑问时，在屏幕上显示一个对话框，用户可以进行选择，然后根据选择确定其后的操作。MsgBox()函数可以向用户传送信息，并可通过用户在对话框中选择接收用户所做的响应，作为程序继续执行的依据。语法格式如下：

变量=MsgBox(提示[,按钮类型[,对话框标题]])

功能：打开一个对话框，在对话框中显示消息，等待用户单击按钮，并返回一个整数告诉用户单击了哪个按钮。

9．Print 语句

Print 方法用于在窗体、图片框和打印机上显示或打印输出文本。

[<对象名>.]Print[<表达式表>][{;|,}]

功能：在指定的对象上打印输出信息。

实验示例：

例 2.1 新建工程并运行程序，分析运行结果。

```
Private Sub Form_Click()
    Dim amt As String, bmt As Integer
    amt = "b": bmt =4
    Print bmt ^ 3
    Print bmt + 23
    Print -bmt
    Print bmt - 12
    Print bmt * bmt
    Print 10 / bmt
    Print 10 \ bmt
    Print 9 Mod bmt
    Print amt & bmt
    Print Asc(amt) > bmt
End Sub
```

程序运行结果如图 2-1 所示。

图 2-1 例 2.1 运行结果

例 2.2 新建工程并运行程序，分析运行结果。

```
Private Sub Form_Click()
    Print 3 > 2
    Print 10 <= 3 < 20
    a = 1: b = 2: c = 3
    Print a + 5 >= b * 3
    Print "VB" < "Pascal"
    Print "qaz" = "QAZ"
    Print a <> b
End Sub
```

程序运行结果如图 2-2 所示。

图 2-2 例 2.2 运行结果

例 2.3 新建工程并运行程序，分析运行结果。

```
Private Sub Form_Click()
    Print 3 > 2 And 3 < 4
    Print Not (3 > 2 And 3 < 4)
    Print 1 > 3 Or 2 < 3
    Print 10 <= 3 < 20
End Sub
```

程序运行结果如图 2-3 所示。

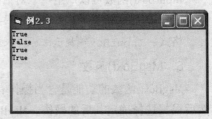

图 2-3 例 2.3 运行结果

例 2.4 新建工程并运行程序，分析运行结果。

```
Private Sub Form_Click()
    Dim a As Integer, b As Integer, c As Integer
    a = InputBox("请输入产生整数的上限")
    b = InputBox("请输入产生整数的下限")
    MsgBox ("您产生的数据范围为" & b & "--" & a & "之间的整数")
    c = Int((a - b + 1) * Rnd + b)
```

```
    MsgBox ("您产生的数据为: " & c)
End Sub
```
程序运行结果如图 2-4 所示。

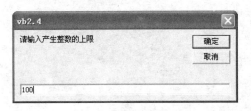
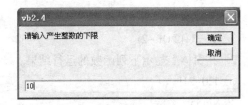

（a）运行界面 1　　　　　　　　　　　（b）运行界面 2

（c）运行界面 3　　　　　　（d）运行界面 4

图 2-4　例 2.4 运行结果

例 2.5　新建工程并运行程序，分析运行结果。

```
Private Sub Form_Click()
    x = #7/27/2012#
    a = x - Date
    b = Weekday(x)
    c = Year(Date)
    d = Month(Date)
    e = Hour(Time)
    f = Minute(Time)
    Print "现在距离奥运会开幕还有: "; a; "天"
    Print "奥运会开幕是: 星期"; b - 1
    Print "本月份是: "; c; "年"; d; "月"
    Print "现在是: "; e; "时"; f; "分"
End Sub
```

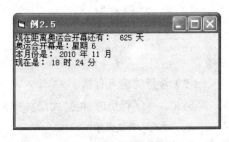

程序运行结果如图 2-5 所示。　　　　　　　图 2-5　例 2.5 运行结果

例 2.6　给定一个两位正整数（如 36），交换个位数和十位数的位置，把处理后的数显示在窗体上。

```
Private Sub Form_Click()
    Dim x As Integer, a As Integer
    Dim b As Integer, c As Integer
    x = 36
    Print "处理前的数: "; x
    a = Int(x / 10)       '求十位数
    b = x Mod 10          '求个位数
    c = b * 10 + a        '生成新的数
    Print "处理后的数: "; c
End Sub
```

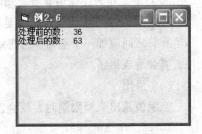

程序运行结果如图 2-6 所示。　　　　　　　图 2-6　例 2.6 运行结果

实验习题：

1. 在窗体上显示下列表达式的值。

① "abc"&"xyz"&"56"。
② 2=1 And 5<4+5。
③ Not 6–3<>3。
④ 5^3+2。
⑤ 9>=3+(2 Or –2)。
2. 在窗体上显示下列函数的运行结果。
① |20–21|。
② sin55°。
③ 字符"c"对应的 ASCII 码值。
④ 返回今天的日期和现在的时间。
3. 通过随机函数产生两个在 20～30 之间的正整数，求这两个数之和并显示出来。
4. 利用 InputBox()函数输入三角形的三条边长，在窗体上输出其面积。
5. 输入一元二次方程 $ax^2+bx+c=0$ 中 a、b、c 的值，求其解并显示出来。

常见错误：

（1）没有严格按照VB规定的格式和符号编写程序

在 VB 中使用的分号、引号、括号等符号都是英文状态下的半角符号，而不能使用中文状态下的全角符号。例如：

```
If  a < 5  Then x = 10
    Print "x="; x
```

错误的书写形式如下：

```
If  a < 5  Then x=10
    Print "x="；x
```

（2）常量的输入有错

例如，将字符型的常量"武汉科技大学"赋给变量 x，正确的输入如下：

x = "武汉科技大学"

错误的书写形式如下：

x = 武汉科技大学

此时，变成将变量"武汉科技大学"里存放的值赋给变量 x。

（3）"&"作为连接运算符使用时出错

"&"既是字符串连接符，又是长整型类型符，当变量名后使用连接运算符"&"时，变量名和运算符之间应加一个空格。当变量名和符号"&"连在一起时，如果 VB 先把它作为类型符号处理，就会造成出错。

（4）溢出

当赋值超出类型限制时，就会发生溢出错误。例如：

```
Dim a as integer
    a=32768
```

（5）除数为0

表达式的值作为除数，但其为 0。

实验三 选择结构

实验目的:
- 掌握逻辑表达式的正确书写形式。
- 学会单分支和双分支结构程序的使用。
- 学会多分支条件语句的使用。
- 掌握情况语句的使用,理解情况语句和多分支条件语句的区别。

知识要点:

1. 单分支语句

(1) 格式一

```
If <表达式> Then
    <语句块>
End If
```

(2) 格式二

```
If <表达式> then <语句块>
```

其中,"表达式"可以是算术表达式、关系表达式或逻辑表达式。表达式的取值:非 0 为 True,0 为 False。

2. 双分支语句

(1) 格式一

```
If <表达式> then
    <语句块 1>
Else
    <语句块 2>
End If
```

(2) 格式二

```
If <表达式> then <语句块 1> Else <语句块 2>
```

3. 多分支语句

(1) IF 结构

```
If <表达式 1> Then
    <语句块 1>
ElseIf <表达式 2> Then
    <语句块 2>
```

```
    ...
Else
    <语句块 n+1>
End if
```

（2）Select Case 语句

```
select case <测试表达式>
    Case <表达式 1>
        <语句块 1>
    Case <表达式 2>
        <语句块 2>
        ...
    case else
        <语句块 n+1>
End Select
```

（3）条件测试函数

`IIf(条件,条件为真时的值,条件为假时的值)`

实验示例：

例 3.1 输入一个整数，判断该数的奇偶性。设计和运行界面如图 3-1 所示。

操作步骤：

（1）设置窗体上各控件的属性

属性值如表 3-1 所示。

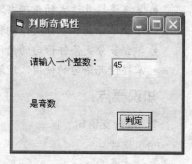

图 3-1 判断奇偶性

表 3-1 例 3.1 控件属性列表

控 件 名 称	属 性	属 性 值
Text1	Text	
Form1	Caption	判断奇偶性
Label1	Caption	请输入一个整数
Command1	Caption	判定
Label2	Caption	

（2）代码设计

```
Private Sub Command1_Click()
    Dim x As Integer
    x = Val(Text1.Text)
    If x Mod 2 = 0 Then
        Label2.Caption = "是偶数"
    Else
        Label2.Caption = "是奇数"
    End If
End Sub
```

（3）运行、测试并保存应用程序

运行程序，测试通过后保存应用程序。

例 3.2 输入三个整数，按从大到小的顺序排列显示。

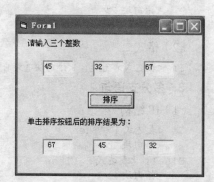

图 3-2 排序界面

设计和运行界面如图 3-2 所示。

操作步骤:

(1) 设置窗体上各控件的属性

属性值如表 3-2 所示。

表 3-2 例 3.2 控件属性列表

控件名称	属 性	属 性 值
Text1	Text	
Text2	Text	
Text3	Text	
Text4	Text	
Text5	Text	
Text6	Text	
Label1	Caption	请输入三个整数
Label2	Caption	单击排序按钮后的排序结果为:
Command1	Caption	排序

(2) 代码设计

方法一:

```
Private Sub Command1_Click()
  Dim x As Integer, y As Integer, z As Integer, t As Integer
  x = Val(Text1.Text)
  y = Val(Text2.Text)
  z = Val(Text3.Text)
  If x < y Then t = x: x = y: y = t
  If x < z Then t = x: x = z: z = t
  If y < z Then t = y: y = z: z = t
  Text4.Text = Str(x)
  Text5.Text = Str(y)
  Text6.Text = Str(z)
End Sub
```

方法二:

```
Private Sub Command1_Click()
  Dim x As Integer, y As Integer, z As Integer, t As Integer
  x = Val(Text1.Text)
  y = Val(Text2.Text)
  z = Val(Text3.Text)
  If x < y Then t = x: x = y: y = t
  If y < z Then
    t = y: y = z: z = t
```

```
      If x < y Then
         t = x: x = y: y = t
      End If
   End If
   Text4.Text = Str(x)
   Text5.Text = Str(y)
   Text6.Text = Str(z)
End Sub
```

（3）运行、测试并保存应用程序

运行程序，测试通过后保存应用程序。

例 3.3　输入一个数字（0~6），用中英文显示星期几。设计和运行界面如图 3-3 所示。

操作步骤：

（1）设置窗体上各控件的属性

属性值如表 3-3 所示。

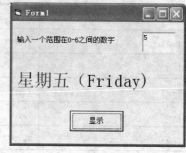

图 3-3　显示星期的界面

表 3-3　例 3.3 控件属性列表

控件名称	属 性	属 性 值
Text1	text	
Label1	Caption	输入一个范围在 0～6 之间的数字
Label2	Font	宋体二号字
Command1	Caption	显示

（2）代码设计

```
Private Sub Command1_Click()
   Dim a As Integer
   a = Val(Text1.Text)
   Select Case a
     Case 1
        Label2.Caption = "星期一(Monday)"
     Case 2
        Label2.Caption = "星期二(Tuesday)"
     Case 3
        Label2.Caption = "星期三(Wednesday)"
     Case 4
        Label2.Caption = "星期四(Thursday)"
     Case 5
        Label2.Caption = "星期五(Friday)"
     Case 6
        Label2.Caption = "星期六(Saturday)"
     Case 0
        Label2.Caption = "星期日(Sunday)"
     Case Else
        Label2.Caption = "请重新输入！"
   End Select
End Sub
```

（3）运行、测试并保存应用程序

运行程序，测试通过后保存应用程序。

实验习题：

1. 根据用户输入的考试成绩（百分制，若有小数则四舍五入），输出相应的等级。具体说明如下：分数 90~100，对应等级为"优秀"；分数 80~89，对应等级为"良好"；分数 70~79，对应等级为"中等"；分数 60~69，对应等级为"及格"；分数<60，对应等级为"不及格"。界面自行设计。

2. 设计一个简易计算器，界面自行设计，要求分别用 If 语句和 Select Case 语句完成。

3. 给定年号与月份，判断该年是否是闰年，并判断出该月有多少天。（判定闰年的条件：年号能被 4 整除但不能被 100 整除，或者能被 400 整除）界面自行设计。

常见错误：

（1）If 语句书写有误

在块 If 结构中，遇到关键字 Then、Else 一定要换行，并且 End If 绝对不能省；在行 If 结构中，一定要在一行上进行书写，若要分行，可用续行符完成。

（2）在选择结构中缺少配对的结束语句

在块 If 结构中，一定用 End If 语句结束；在 Select Case 语句中，一定用 End Select 语句结束。否则，在运行时，系统会出现相应的错误提示，例如，"块 If 没有 End If"这样的编译错误。

（3）ElseIf 关键字错误

ElseIf 子句中的关键字中间不要随意空格，也就是说绝不能写成"Else If"。当出现多个条件的时候，要保证条件范围内的唯一性，一般而言应从最小或最大的条件依次进行，以避免条件的过滤情况发生。

（4）Select Case 语句错误

在 Case 子句中的"表达式 n"与"测试表达式"中不能够使用相同的变量；"测试表达式"中也不允许出现多个变量。

实验四 循环结构（一）

实验目的：
- 掌握 Do…Loop 循环语句的结构与使用方法。
- 掌握 For…Next 循环语句的结构与使用方法。
- 掌握循环的规则及其执行过程。

知识要点：

1. Do…Loop 循环结构

Do…Loop 循环结构有如下 4 种形式：

（1）当条件为真时进行循环，前测型
```
Do While <条件>
    <循环体>
Loop
```
（2）当条件为假时进行循环，前测型
```
Do Until <条件>
    <循环体>
Loop
```
（3）当条件为真时进行循环，但是先循环，后判断，后测型
```
Do
    <循环体>
Loop While <条件>
```
（4）当条件为假时进行循环，但是先循环，后判断，后测型
```
Do
    <循环体>
Loop Until <条件>
```

2. For…Next 循环结构

```
For <循环变量>=<初值> To <终值> [Step <步长>]
    <循环体>
Next [<循环变量>]
```

For 循环适用于已知循环的初值和终值的情况。步长可正可负，可为整数，也可为实数。在循环变量没在循环体中被重新赋值的情况下，可用公式：n=int((终值−初值)/步长)+1 来计算循环的次数。

实验示例:

例 4.1 用两种循环语句输出 300~500 之间的所有奇数及其和。其运行界面如图 4-1 所示。

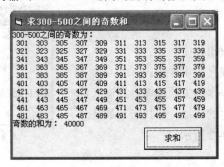

图 4-1 求奇数和的运行界面

操作步骤:

(1) 设置窗体上各控件的属性

属性值见表 4-1 所示。

表 4-1 例 4.1 控件属性列表

控件名称	属 性	属 性 值
Form1	Caption	求 300-500 之间的奇数和
Command1	Caption	求和

(2) 代码设计

方法一:用 For...Next 语句完成。

```
Private Sub Command1_Click()
    Dim s As Long, i As Integer, j As Integer
    s = 0
    Print "300-500之间的奇数为: "
    For i = 301 To 500 Step 2
        Print i;
        j = j + 1
        If j Mod 10 = 0 Then Print
        s = s + i
    Next i
    Print "奇数的和为: "; s
End Sub
```

方法二:用 Do...Loop 语句完成。

```
Private Sub Command1_Click()
    Dim s As Long, i As Integer, j As Integer
    s = 0
    Print "300-500之间的奇数为: "
    i = 301
    Do While i <= 500
        Print i;
        j = j + 1
        If j Mod 10 = 0 Then Print
```

```
          s = s + i
          i = i + 2
     Loop
     Print "奇数的和为: "; s
End Sub
```

（3）运行、测试并保存应用程序

运行程序，测试通过后保存应用程序。

例 4.2 从键盘上输入多个学生的成绩，当输入负数时结束输入，输出所有学生的成绩，并找出其最高分和最低分。其运行界面如图 4-2 所示。

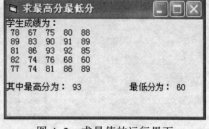

图 4-2 求最值的运行界面

操作步骤：

（1）设置窗体上各控件的属性

属性值如表 4-2 所示。

表 4-2 例 4.2 控件属性列表

控件名称	属 性	属 性 值
Form1	Caption	求最高分最低分

（2）代码设计

```
Private Sub Form_Click()
    Dim x As Single, max As Single, min As Single, i As Integer
    x = Val(InputBox("输入第 1 个学生的成绩"))
    max = x
    min = x
    i = 1
    Print "学生成绩为: "
    Print x;
    Do While x >= 0
       If x > max Then max = x
       If x < min Then min = x
       If i Mod 5 = 0 Then Print
       x = Val(InputBox("请输入第" & i & "个学生的成绩"))
       i = i + 1
       If x >= 0 Then Print x;
    Loop
    Print
    Print "其中最高分为: "; max, "最低分为: "; min
End Sub
```

（3）运行、测试并保存应用程序

运行程序，测试通过后保存应用程序。

例 4.3 求斐波那契（Fibonacci）数列的前 20 项，Fibonacci 数列如下所示：

0，1，1，2，3，5，8，13，……

其规律是：从第三项开始，每一项是其前两项之和。运行界面如图 4-3 所示。

图 4-3 求 Fibonacci 数列的运行界面

操作步骤：

（1）设置窗体上各控件的属性

属性值如表 4-3 所示。

表 4-3 例 4.3 控件属性列表

控 件 名 称	属　　性	属　性　值
Label1	Caption	Fibonacci 数列前 20 项如下所示：
Text1	Text	
Text1	Multiline	True
Text1	Scrollbars	2-vertical

（2）代码设计

```
Private Sub Form_Click()
   Dim f1 As Long, f2 As Long
   f1 = 0
   f2 = 1
   Text1.Text = Str(f1) & Str(f2) & vbCrLf
   For i = 1 To 9
      f1 = f1 + f2
      f2 = f1 + f2
      Text1.Text = Text1.Text & Str(f1) & Str(f2) & vbCrLf
   Next i
End Sub
```

（3）运行、测试并保存应用程序

运行程序，测试通过后保存应用程序。

实验习题：

1. 编程找出 1～1000 之间的所有"同构数"。界面自行设计。

同构数：如果一个数出现在其平方数的右端，则称此数为同构数。例如，1 在 $1^2=1$ 的右端，5 在 $5^2=25$ 的右端，25 在 $25^2=625$ 的右端，1、5、25 为同构数。

2. 用两种循环结构（For…Next、 Do…Loop）计算 $s=1+\dfrac{1}{2}+\dfrac{1}{4}+\dfrac{1}{7}+\dfrac{1}{11}+\dfrac{1}{16}+\dfrac{1}{22}+...$

当第 i 项的值 $<10^{-5}$ 时结束。界面自行设计。

提示：本题的关键是找规律写通项。设第 i 项分母是前一项的分母加 i，也就是说分母的通项为：$T_i=T_{i-1}+i$。

3. 利用随机函数产生 10 个 1～100 之间的随机数，显示出最大值、最小值及平均值。界面自行设计。

常见错误：

（1）循环控制变量在循环体内可以引用但不要被赋值

例如，以下例子中，因为循环变量在循环体内被赋值，引起了循环次数的变化。

```
Private Sub Command1_Click()
   For i = 1 to 10
```

```
        i = i + 1                    '循环变量被重新赋值
        Print i;
    Next i
End Sub
```
其输出结果为：2 4 6 8 10

（2）不循环或死循环

出现不循环或死循环现象的主要原因是由于循环条件、循环初值、循环终值、循环步长的设置有问题。

以下循环语句将不执行循环体：

```
For i = 1 to 10 step -1         '步长为负，初值必须大于等于终值，才能循环
For i = 100 to 0                '步长为正，初值必须小于等于终值，才能循环
Do Until 100>0                  '循环条件永远成立，不循环
```

以下循环语句为死循环：

```
For i = 1 to 10 step 0          '步长为零，死循环
Do While 3                      '循环条件永远成立，死循环
```

（3）循环结构中缺少配对的结束语句

例如，For 语句没有配对的 Next 语句；Do 语句没有一个终结的 Loop 语句。

（4）存放累加、累乘结果的变量初值设置应放在循环语句前

例如，求 1~100 之间的 7 的倍数之和，结果存入 Sum 变量中，分析下列程序段的输出结果？要得到正确的结果，应如何改进？

```
Private Sub Command1_Click()
    For i = 7 to 100 step 7
        Sum = 0
        Sum = Sum + i
            aver = aver + score
    Next i
    Print Sum
End Sub
```

实验五　循环结构（二）

实验目的：
- 掌握多重循环的规则和程序设计方法。
- 学会如何控制循环条件，防止不循环或死循环。

知识要点：

1. 多重循环

循环体内又出现循环结构称为循环的嵌套或称为多重循环。多重循环的执行过程是：外层循环每执行一次，内层循环就要从头开始执行一轮。多重循环的循环次数为每一重循环次数的乘积。外循环体内要完整地包含内循环结构，内循环不能交叉。

2. Exit 语句

Exit 语句用来退出某种控制结构的执行，有多种形式，如 Exit For、Exit Do 等。

实验示例：

例 5.1　设计如图 5-1 所示的界面，运行时，单击各按钮并输入行数，则在窗体上显示出不同的图形，如图 5-2 所示。

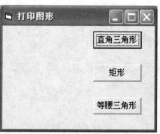

图 5-1　例 5.1 设计界面

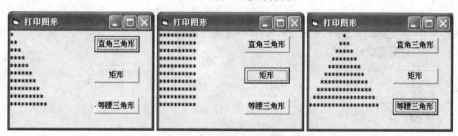

图 5-2　例 5.1 的各种运行结果

操作步骤：

（1）设置窗体上各控件的属性

属性值如表 5-1 所示。

表 5-1 例 5.1 控件属性列表

控 件 名 称	属 性	属 性 值
Command1	Caption	直角三角形
Command2	Caption	矩形
Command3	Caption	等腰三角形
Form1	Caption	打印图形

（2）代码设计

```
Private Sub Command1_Click()
    Cls
    m = InputBox("请输入直角三角形打印*号的行数")
    For j = 1 To m
        For i = 1 To j
            Print "*";
        Next i
        Print
    Next j
End Sub

Private Sub Command2_Click()
    Cls
    m = InputBox("请输入矩形打印*号的行数")
    n = InputBox("请输入矩形的每行打印*号的个数")
    For j = 1 To m
        For i = 1 To n
            Print "*";
        Next i
        Print
    Next j
End Sub

Private Sub Command3_Click()
    Cls
    Dim i As Integer, m As Integer, j As Integer
    m = InputBox("请输入等腰三角形打印*号的行数")
    For j = 1 To m
        Print Tab(m - j + 1);
        For i = 1 To 2 * j - 1
            Print "*";
        Next i
        Print
    Next j
End Sub
```

（3）运行、测试并保存应用程序

运行程序，测试通过后保存应用程序。

例 5.2 打印九九乘法表，用两种不同的格式完成，界面如图 5-3 所示，运行后的界面如图 5-4 所示。

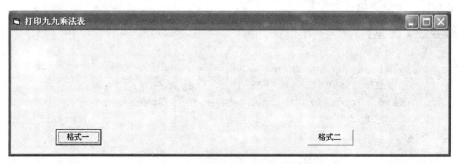

图 5-3　打印九九乘法表界面

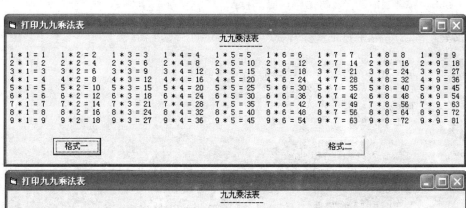

图 5-4　运行界面图

操作步骤：

（1）设置窗体上各控件的属性

属性值如表 5-2 所示。

表 5-2　例 5.2 控件属性列表

控件名称	属性	属性值
Command1	Caption	格式一
Command2	Caption	格式二
Form1	Caption	打印九九乘法表

（2）代码设计

```
Private Sub Command1_Click()
    Cls
    Dim i As Integer, j As Integer
    Print Tab(55); "九九乘法表"
    Print Tab(55); "-----------"
    For i = 1 To 9
       For j = 1 To 9
          If i * j >= 10 Then
             Print i; "*"; j; "="; i * j; Space(1);
          Else: Print i; "*"; j; "="; i * j; Space(2);
          End If
       Next j
       Print
    Next i
End Sub

Private Sub Command2_Click()
    Cls
    Dim i As Integer, j As Integer
    Print Tab(55); "九九乘法表"
    Print Tab(55); "-----------"
    For i = 1 To 9
       For j = 1 To i
          If i * j >= 10 Then
             Print i; "*"; j; "="; i * j; Space(1);
          Else:
             Print i; "*"; j; "="; i * j; Space(2);
          End If
       Next j
       Print
    Next i
End Sub
```

（3）运行、测试并保存应用程序

运行程序，测试通过后保存应用程序。

例 5.3　编写程序：打印出如图 5-5 所示的数字金字塔。

图 5-5　数字金字塔

操作步骤：

（1）设置窗体上各控件的属性

属性值如表 5-3 所示。

表 5-3 例 5.3 控件属性列表

控 件 名 称	属 性	属 性 值
Form1	Caption	数字金字塔

（2）代码设计

```
Private Sub Form_Click()
    Dim i As Integer, j As Integer, k As Integer
    For i = 1 To 9
        Print Tab(30 - i * 3);
        For j = 1 To i
            Print j;
        Next j
        For k = i - 1 To 1 Step -1
            Print k;
        Next k
        Print
    Next i
End Sub
```

（3）运行、测试并保存应用程序

运行程序，测试通过后保存应用程序。

实验习题：

1. 编写程序，输出 10 以内满足关系 $a^2 + b^2 = c^2$ 的整数的组合，例如 3、4、5 就是一个满足条件的组合。

2. 编写程序，在窗体上输出图 5-6 所示的图形。

3. 用以下公式计算 sin$x$ 的值。

$$\sin x = x - \frac{x^3}{3!} + \frac{x^5}{5!} - \frac{x^7}{7!} + \cdots + (-1)^{n-1} \frac{x^{2n-1}}{(2n-1)!}$$

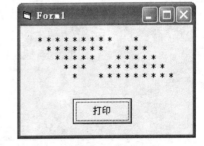

图 5-6 打印图形

常见错误：

（1）循环嵌套错误

有时候在书写程序时，会出现内外循环交叉的情况，例如：

```
For i = 1 to 10
    For j = 1 to 10
    …
    Next i
Next j
```

上述循环体出现了交叉，当程序运行时，会显示"无效的 Next 控制变量引用"的错误提示信息。因此要注意，出现多重循环时，外循环必须完全包含内循环，不得交叉。

（2）循环结构与 If 块结构交叉

```
For i = 1 to 10
    If  x > 10 then
    …
    Next i
End If
```

此时，循环结构与块 If 结构出现了交叉，当程序运行时，会显示出"编译错误 Next 没有 For"。正确的做法应该是循环结构完全包含 If 结构，或者 If 结构完全包含循环结构。

（3）多重循环中变量初值设置应放在外循环语句前，还是内循环语句前（这要视具体问题分别对待）

例如，30 位同学参加四门课程的考试，下面的程序要实现求每个学生四门课程的平均分，应如何改进？

```
aver = 0
For i = 1 to 30
    For j = 1 to 4
        score = InputBox("输入第" & j & "门课的成绩")
        aver = aver + score
    Next j
    aver = aver/4
    Print aver
Next i
```

实验六 数组的使用

实验目的：
- 掌握数组的声明和数组元素的引用。
- 掌握静态数组和动态数组的使用方法。
- 学会利用数组解决一些较为复杂的问题。

知识要点：

1. **数组的概念**

数组是一组相同类型变量的集合。在程序中可以用一个数组名代表逻辑上相关的一组数据。在 VB 中有两种类型的数组：固定大小的静态数组和在运行时大小可发生变化的动态数组。数组必须先声明后使用。

数组元素是数组中的某一个数据项。数组元素的使用同简单变量的使用。

2. **静态数组**

静态数组的定义格式如下：

Dim 数组名（下界1 to下标1 ,下界2 to 下标2…）[As 数据类型]

其中下标必须为常数。下界省略时默认值为0；省略 As 类型，系统默认为变体型数组。

3. **动态数组**

创建动态数组的过程如下：

① 在需要使用动态数组的模块或过程中，用如下语句声明一个空数组：

[Public][Private][Dim][Static] 数组名() as 数据类型

② 完成动态数组声明后，在使用它前，应根据实际所需数组的大小，用 ReDim 语句为动态数组分配存储空间。其语法如下：

ReDim[Preserve]数组名1(subscripts)[As type][,数组名2(subscripts)[As-type]]

4. **数组的操作**

应掌握的基本操作有：数组的初始化、数组输入、数组输出、求数组中的最大（最小）元素及下标、求和、平均值、排序和查找等。

5. **控件数组**

控件数组是由一组相同类型的控件组成的，它们共用一个控件名，具有相同的属性。控件数组适用于若干相似的场合，共享同样的时间过程。

6. 数组有关函数

Lbound()和 Ubound()函数，前者确定数组下界，后者确定数组上界。这两个函数非常有用，可以使得程序的通用性得到增强。

实验示例：

例 6.1 输出斐波那契级数的前 20 项，要求使用数组。

斐波那契级数为：1, 1, 2, 3, 5, 8,…, 即：

F(1) = 1
F(2) = 1
F(n) = f(n-1) + f(n-2)   (n>=3)

程序代码如下：

```
Private Sub Form_Click()
   Dim F(20) As Integer, I As Integer
   F(1) = 1 : F(2) = 1                          '第一、第二项为1
   For I = 3 To 20                              '第三项起每项为前两项之和
      F(I) = F(I - 2) + F(I - 1)
   Next I
   For I = 1 To 20                              '在窗体上输出
      Print F(I);
      If  I Mod 5 = 0 Then Print
   Next I
End Sub
```

程序运行效果如图 6-1 所示。

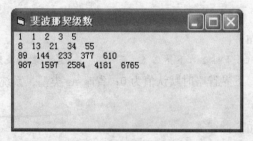

图 6-1 例 6.1 运行结果

> **思 考**
> 与实验四中例 4.3 采用的方式比较一下，有何不同？

例 6.2 编写程序，输入 5 名学生成绩，使用数组存储，并使用标签输出其总分和平均分。

在窗体上添加 2 个标签：Label1、Label2，并设置其 Caption 属性值为：总分和平均分；同时加入 1 个命令按钮 Command1，其 Caption 属性值为：输入成绩并计算。

程序代码如下：

```
Private Sub Command1_Click()
   Dim score(1 To 5) As Single
   Dim i As Integer, sum As Single
   Dim aver As Single, str1 As String
   sum = 0
   For i = 1 To 5
```

```
            str1 = "请输入第" + Str(i) + "个学生的成绩: "
            score(i) = Val(InputBox(str1, "输入成绩"))
            sum = sum + score(i)
        Next i
        aver = sum / 5
        Label1.Caption = Label1.Caption + Str(sum)
        Label2.Caption = Label2.Caption + Str(aver)
End Sub
```

程序运行效果如图 6-2 所示。

例 6.3 利用随机函数形成二维数组 a(3,3)，要求：
① 交换最左边和最右边的两列元素。
② 输出对角线上的元素。

分析：两维数组的输出，必须通过两重循环。而交换数组元素、输出对角线上的元素，只要找出下标规律即可。

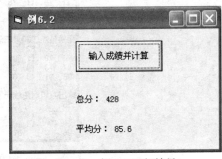

图 6-2 例 6.2 运行结果

程序代码如下：

```
Private Sub Form_Click()
   Dim a(3, 3) As Integer
   Print "自动形成数组:"
     For i = 0 To 3
       For j = 0 To 3
           a(i, j) = Int(90 * Rnd + 10)
           Print a(i, j);
       Next j
       Print
     Next i
   Print "交换最左边和最右边的两列元素:"
   For i = 0 To 3
      temp = a(i,0): a(i,0) = a(i,3): a(i,3) = temp
   Next i
   Print
   For i = 0 To 3
     For j = 0 To 3
        Print a(i, j);
     Next j
     Print
   Next i
   Print
   Print "输出数组对角线元素:"
   For i = 0 To 3
     If i-(3-i)<= 0 Then
       Print Tab(i*3+1); a(i,i); Spc((2-2*i)*3 + 1); a(i,3-i)
     Else
       Print Tab((3-i)*3+1); a(i,3-i); Spc((2*i-4)*3+1); a(i,i)
```

```
        End If
    Next i
End Sub
```
程序运行结果如图 6-3 所示。

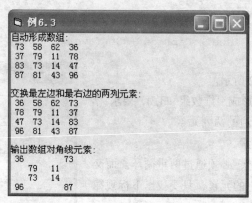

图 6-3 例 6.3 运行结果

例 6.4 输入整数 n，显示出具有 n 行的杨辉三角形。一个具有 10 行的杨辉三角形运行结果如图 6-4 所示。

在窗体上添加 1 个命令按钮 Command1，其 Caption 属性值为：生成杨辉三角。

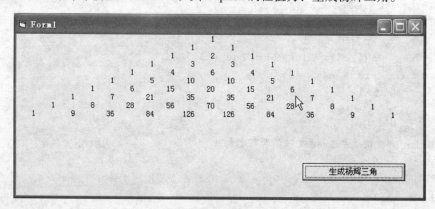

图 6-4 生成杨辉三角

程序代码如下：
```
Private Sub Command1_Click()
    Cls
    Dim n As Integer, i As Integer, j As Integer, s As String, k As Integer
    Dim x()
    n = Val(InputBox("请输入要生成杨辉三角的行数"))
    ReDim x(n, n)
    For i = 1 To n
        x(i, 1) = 1: x(i, i) = 1
    Next i
    For i = 2 To n
        For j = 1 To i - 1
```

```
                x(i, j) = x(i - 1, j - 1) + x(i - 1, j)
            Next j
        Next i
        For i = 1 To n
            Print String(5 * (n - i), " ");
            For j = 1 To i
                s = ""
                For k = 5 - Len(LTrim(Str(x(i, j)))) To 1 Step -1
                    s = s & " "
                Next k
                s = s & LTrim(Str(x(i, j))) & String(5, " ")
                Print s;
            Next j
            Print
        Next i
    End Sub
```

例 6.5 在窗体上创建一个 Picture1 控件,在 Picture1 控件中利用标签控件数组形成国际象棋的棋盘,棋格黑白相间,单击棋格时实现标签控件数组成员的黑白颜色变换,运行效果如图 6-5 所示。

分析:国际象棋共有 64 格,用一个标签控件数组的成员表示一格。先在 Picture1 控件中建立标签控件数组的第 1 个控件 Label1(0),其他数组成员在程序运行时由 Load 事件产生。

界面设计:

① 创建一个 Picture1 控件,其高度略小于窗体的高度。

② 在 Picture1 控件内创建一个 Label1 控件,将 Index 属性值设置为 0,建立 Label1 控件数组。设计时控件的位置任意,运行时再由程序调整。

图 6-5 例 6.5 运行界面

③ 编写事件代码。产生 Label1 控件数组其他 63 个成员的代码放在 Form_Load()事件中。

```
Private Sub Form_Load()
    Dim mtop As Integer, mleft As Integer, i As Integer, j As Integer
    mtop = 0                                '棋盘顶边初值
    For i = 1 To 8
        mleft = 50                          '棋盘左边位置
        For j = 1 To 8
            k = (i - 1) * 8 + j
            Load Label1(k)
            Label1(k).BackColor = IIf((i + j) Mod 2 = 0, QBColor(0), QBColor(15))
            Label1(k).Visible = True
            Label1(k).Top = mtop
            Label1(k).Left = mleft
            mleft = mleft + Label1(0).Width
        Next j
        mtop = mtop + Label1(0).Height
    Next i
End Sub
```

由控件数组的 Click 事件实现 64 个 Label 控件的黑白颜色转换。

```
' 单击棋格,实现标签控件黑白颜色转换
  Private Sub Label1_Click(Index As Integer)
    Dim tag As Boolean
    For i = 1 To 8
      For j = 1 To 8
        k = (i - 1) * 8 + j
        If  Label1(k).BackColor = &H0& Then
           Label1(k).BackColor = &HFFFFFF
        Else
           Label1(k).BackColor = &H0&
        End If
      Next j
    Next i
  End Sub
```

实验习题:

1. 按下列要求建立 A(5, 5) 矩阵,将其显示在窗体上,如图 6-6 所示。要求如下:
① 主对角线上元素均为 0。
② 上三角上的元素均为 1。
③ 下三角上的元素均为 2。

2. 随机产生 n 个两位整数(n 由用户输入),将它们按递增顺序排序后输出。

3. 窗体 Form1 上有两个名称分别为 Text1、Text2 的文本框,其中 Text1 可多行显示。两个名称为 Command1、Command2,标题为"产生数组""查找"的命令按钮。如图 6-7 所示。程序功能如下:

① 单击"产生数组"按钮,则用随机函数生成 10 个 0~100 之间(不含 0 和 100)互不相同的数值,并将它们保存到一维数组 a 中,同时也将这 10 个数值显示在 Text1 文本框内。

② 单击"查找"按钮将弹出输入对话框,接收用户输入的任意一个数,并在一维数组 a 中查找该数,若查找失败,则在 Text2 文本框内显示该数"不存在于数组中";否则显示该数在数组中的位置。

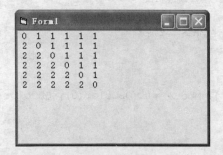

图 6-6　实验习题 1 运行界面

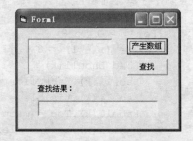

图 6-7　实验习题 3 运行界面

4. 使用随机函数产生 0~10 之间的随机整数,形成一个 6×6 阶矩阵,将该矩阵存放到一个二维数组中。求出该矩阵的转置矩阵并输出,运行界面如图 6-8 所示。

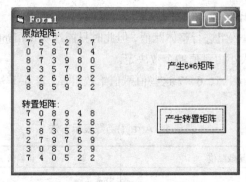

图 6-8　实验习题 4 运行界面

5．使用控件数组设计图 6-9 所示的调色板界面，当用户单击某个按钮后，窗体的背景色就变成按钮指定的颜色。

图 6-9　实验习题 5 运行界面

常见错误：

（1）Dim 数组声明出错

有时为了程序的通用性，用变量来表示数组的上界，如下程序段：

```
n = InputBox("输入数组的上界:")
ReDim a(1 To n) As Integer
```

程序运行时将在 Dim 语句处显示"要求常数表达式"的出错信息，即 Dim 语句中声明的数组上、下界必须是常数，不能是变量。要解决程序通用性问题，可以利用动态数组，将上例改变如下：

```
Dim a() As Integer
n = InputBox("输入数组的上界:")
ReDim a(1 To n) As Integer
```

（2）数组下标越界

数组下标越界引用了不存在的数组元素，即下标比数组声明时的下标范围大或小。例如，要输出斐波那契级数的前 20 项，正确的程序段如下：

```
Dim F(20) As Integer, I As Integer
    F(1) = 1 : F(2) = 1
    For i = 3 To 20
        F(i) = F(i - 2) + F(i - 1)
    Next i
```

若将 For i = 3 To 20 改为 For i = 1 To 20，程序运行时会显示"下标越界"的出错信息，因为开始循环时 i = 1，执行到循环语句 F(i) = F(i - 2) + F(i - 1)，数组下标 i − 2、i − 1 均小于下界 1。

（3）使用 Array()函数出错

Array()函数可方便地对数组进行整体赋值，但此时只能声明 Variant 的变量或用括号括起来的动态数组。赋值后的数组大小由赋值的个数决定。

例如，要将 1、2、3、4、5、6、7 这些值赋值给数组 a，表 6-1 列出了三种错误及对应正确的赋值方法。

表 6-1 Array()函数表示方法

错误的 Array()函数赋值	正确的 Array()函数赋值
Dim a(1 to 8) a = Array(1,2,3,4,5,6,7)	Dim a( ) a = Array(1,2,3,4,5,6,7)
Dim a As Integer a = Array(1,2,3,4,5,6,7)	Dim a a = Array(1,2,3,4,5,6,7)
Dim a a( ) = Array(1,2,3,4,5,6,7)	Dim a a = Array(1,2,3,4,5,6,7)

实验七　字符串的应用

实验目的：
- 熟悉字符串变量和字符串数组的定义和引用。
- 掌握常用字符串函数的使用方法。
- 掌握字符串的基本操作。

知识要点：

1. 字符运算符

一个由任意字符构成的字符序列称为字符串，字符串存放在 String 类型的变量或者数组中。在 VB 中，用 "+" 和 "&" 运算符完成两个或多个字符串的连接，形成一个新的字符串，该过程称为字符串的合并。

2. 字符比较

在 VB 中，字符串的比较是根据其编码值的大小进行的，比较的结果为逻辑值。比较的顺序是：将两个字符串的字符从左到右逐个进行比较，若两个字符串的第一个字符相同，则继续比较第二个字符，若第二个字符相同，则继续比较第三个，依此类推，直到字符的编码值大小不同为止。

3. 字符串操作常用函数

计算字符串长度：Len()。
变换字符大小写：LCase()、UCase()。
截取字符串：Left()、Right()、Mid()。
除去字符串前、后空格：LTrim()、RTrim()、Trim()。
字符与编码转换：Asc()、Chr()。
数值与字符转换：Str()、Val()。
字符串查找：InStr()。
字符串比较：StrComp()。

4. 与数组有关的函数

Split()函数：将字符串用分隔符把各项数据分离到数组中。
Join()函数：将数组中各元素用分隔符连接成一个字符串。

实验示例：

例 7.1　将下列文字"武汉科技大学计算机技术系"存放到数组中，并以倒序打印出来。

分析：将这 12 个字符存放到数组 C 中，首先依次读取，然后利用循环，设置步长为-1，初值为 12，终值为 1，实现倒序输出。

程序代码如下：

```
Private Sub Command1_Click()
    Dim x As Integer, c(1 To 12) As String
    c(1) = "武": c(2) = "汉": c(3) = "科": c(4) = "技"
    c(5) = "大": c(6) = "学": c(7) = "计": c(8) = "算"
    c(9) = "机": c(10) = "技": c(11) = "术": c(12) = "系"
    For x = 1 To 12
        Label1.Caption = Label1.Caption + c(x)
    Next x
    For x = 12 To 1 Step -1
        Label2.Caption = Label2.Caption + c(x)
    Next x
End Sub
```

程序运行界面如图 7-1 所示。

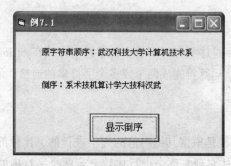

图 7-1　例 7.1 运行界面

例 7.2　检查字符串是否为回文。

程序代码如下：

```
Private Sub Command1_Click()
    Dim A$, B$
    A$ = Text1.Text                         ' 取出需要判断的字符串
    B$ = A$                                 ' 做一个副本
    L = Len(A$)                             ' 求出长度
    For I = 1 To L                          ' 在 B 中做出 A 的反串
        Mid(B$, L - I + 1, 1) = Mid(A$, I, 1)
    Next I
    If A$ = B$ Then                         ' 如果正反串一样则是回文
        MsgBox "字符串""" & A$ & """是回文"
    Else
        MsgBox "字符串""" & A$ & """不是回文"
    End If
End Sub
```

程序运行结果如图 7-2 所示。

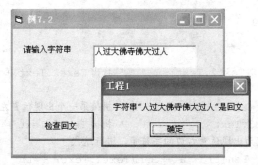

图 7-2 例 7.2 运行界面

例 7.3 将源字符串中所有的指定子串用新字符串替换。程序界面如图 7-3 所示。

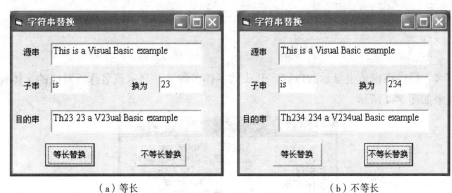

(a) 等长   (b) 不等长

图 7-3 字符串替换

程序代码如下：

```
Private Sub Command1_Click()
   Dim a As Integer
   Dim t As String
   If Len(Text2.Text) = Len(Text3.Text) Then
      t = Text1.Text
      a = InStr(1, t, Text2.Text)      '找出 Text2.Text 在 t 中第一个出现的位置
   Do While a > 0
      Mid(t, a, Len(Text2.Text)) = Text3.Text
      a = InStr(a, t, Text2.Text)      '继续从当前位置寻找 Text2.Text 出现的位置
   Loop                                '直到找不到为止
   Text4.Text = t
   Else
      MsgBox "子串和替换串长度必须一致"
   End If
End Sub
```

思考：上面的程序虽然实现了字符串的替换，但是必须要求子串和替换串的长度一致。若不一致，应该如何设计程序呢？分析下面的代码：

```
Private Sub Command2_Click()
   Dim a As Integer
   Dim t As String
```

```
   Dim e As String
   t = Text1.Text
   s = ""
   a = InStr(1, t, Text2.Text)        ' 找出 Text2.Text 在 t 中第一个出现位置
   Do While a > 0
      s = s & Left(t, a - 1)          ' 拼接第一个出现位置左边的字符串
      s = s & Text3.Text              ' 拼接 Text3.Text
      ' 将字符串 t 变为出现位置右边的字符串，进行迭代
      t = Right(t, Len(t) - a - Len(Text2.Text) + 1)
      ' 重新寻找 Text2.Text 出现的位置，直到找不到为止
      a = InStr(1, t, Text2.Text)
   Loop
   s = s & t
   Text4.Text = s
End Sub
```

例 7.4 提供在窗体上显示的以汉字开头的字体名称，并显示该名称所对应的字体样式。程序运行效果如图 7-4 所示。

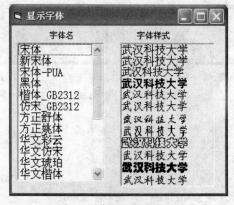

图 7-4 例 7.4 运行界面

在列表框中显示屏幕字体，在图形框中显示的样式。程序如下：

```
Private Sub Form_Click()
   List1.FontSize = 12
   Picture1.FontSize = 12
   For i = 0 To Screen.FontCount - 1
      If Asc(Left(Screen.Fonts(i), 1)) < 0 Then
         List1.AddItem Screen.Fonts(i)
         Picture1.FontName = Screen.Fonts(i)
         Picture1.Print "武汉科技大学"
      End If
   Next i
End Sub
```

实验习题：

1. 输入一串字符，统计各个英文字母出现的次数（不区分大小写），并统计出现字母的个数，

运行界面如图 7-5 所示。

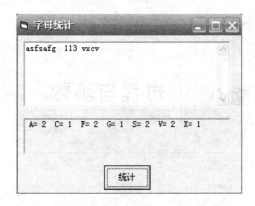

图 7-5 实验习题 1 运行界面

2. 编写程序，找出 ASCII 码为 33～127 所对应的字符，并按图 7-6 所示样式输出。

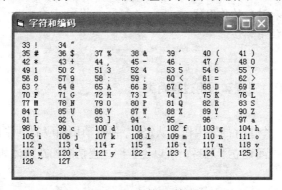

图 7-6 字符和编码

3. 用循环、数组和 String()函数 3 种方法编写程序，打印图 7-7 所示图案。

图 7-7 用 3 种方法打印图案

实验八 过程与函数

实验目的:
- 掌握过程和函数的定义和调用方法,分清子过程和函数过程的异同。
- 掌握形参与实参的对应关系,分清值传递和地址传递的区别。
- 掌握变量、函数和过程的作用域。
- 掌握递归概念和使用方法。

知识要点:

1. Sub 过程分为事件过程和通用过程两类

(1) 事件过程

当 VB 中的对象对一个事件的发生作出认定时,便自动用相应的事件名字调用该事件的过程。因为名字在对象和代码之间建立了联系,所以说事件过程是附加在窗体和控件上的。

(2) 通用过程

如果几个不同的事件过程要执行同样的动作。应将这组公共语句放入一分开的过程(通用过程)中,该通用过程告诉应用程序如何完成一项指定的任务。一旦确定了通用过程,则必须由事件过程来调用它。

2. Sub 过程的定义

可以在代码窗口中直接输入,也可以通过"添加过程"对话框完成,子过程定义的一般格式为:

```
[Static][Public|Private]Sub 子过程名([形式参数列表])
    [局部变量或常数定义]
    [语句序列]
    [Exit Sub]
    [语句序列]
End Sub
```

子过程调用一般格式有两种,它们分别是:

(1) 用 Call 语句调用 Sub 过程

格式:Call 过程名([实际参数列表])

例如:Call test1(a,b,c)

(2) 把过程名作为一个语句来使用

格式: 过程名 [实际参数列表]

与第一种调用方法相比，这种调用方式省略了关键字 Call，去掉了"参数列表"的括号。

例如： test1 a,b,c

3．函数子过程的定义

与 sub 子过程的唯一区别是函数子过程返回一个值，这个值可以作为函数处理的结果，调用函数子过程的方法与调用内部函数的方法一样，没有任何区别。函数定义的一般格式为：

```
[Public|Private][Static]Function 函数名([形式参数列表])[As 类型 ]
    [局部变量或常数定义]
    [语句序列]
    [函数名=返回值]
    [Exit Function]
    [语句序列]
    [函数名=返回值]
End Function
```

4．过程的调用

实参向形参传递数据，一般来说，过程调用中的参数个数、顺序、数据类型应与过程说明的参数个数、顺序、数据类型保持一致。

实验示例：

例 8.1　编写程序，输入 m、n 和 p，求表达式 $y=\dfrac{(1+2+3+\cdots+m)+(1+2+3+\cdots+n)}{(1+2+3+\cdots+p)}$ 的值。

要求：用过程求出（1+2+3+…+k）的值，然后在主程序中计算出 y 的结果。

通过本例掌握 Sub 过程和 Function 过程的定义，以及形参的个数、类型等的确定，学会调用 Sub 子过程和函数。本例采用三种不同的方法：即 Sub 过程、Function 过程和使用窗体级变量，将子过程处理结果传递给主调程序。

操作步骤如下：

（1）界面设计

设计如图 8-1 所示窗体，将命令按钮 Command1、Command2 和 Command3 的 Caption 属性分别改为方法一、方法二和方法三。

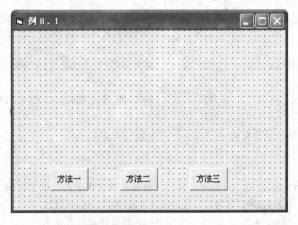

图 8-1　例 8.1 主窗体

（2）添加程序代码

```vb
Dim sum As Long                         'sum 定义为窗体级变量，用于传递过程处理结果

'方法一：利用地址传递的形式参数 s 传递计算的结果
Private Sub f1(k As Integer, s As Long)
    s = 0
    For i = 1 To k
        s = s + i
    Next i
End Sub


'方法二：利用函数返回值传递计算的结果
Private Function f2(k As Integer) As Long
    For i = 1 To k
        f2 = f2 + i
    Next i
End Function


'方法三：利用窗体级变量 sum 传递计算的结果
Private Sub f3(k As Integer)
    sum = 0
    For i = 1 To k
        sum = sum + i
    Next i
End Sub


Private Sub Command1_Click()       '响应单击"方法一"命令按钮
    Dim m As Integer, n As Integer, p As Integer
    Dim s As Long
    Dim y As Single                '存放最终表达式结果
    m = Val(InputBox("请输入 m 的值"))
    n = Val(InputBox("请输入 n 的值"))
    p = Val(InputBox("请输入 p 的值"))
    Call f1(m, s)                  '调用 f1 子过程求 1+2+3+...+m 的值，结果在变量 s 中
    y = s
    Call f1(n, s)                  '再次调用 f1 子过程求 1+2+3+...+n 的值，结果也在变量 s 中
    y = y + s
    Call f1(p, s)                  '调用 f1 子过程求 1+2+3+...+p 的值，结果在变量 s 中
    y = y / s
    Print "方法一计算出的 y="; y
End Sub


Private Sub Command2_Click()       '响应单击"方法二"命令按钮
    Dim m As Integer, n As Integer, p As Integer
    Dim y As Single                'y 存放最终表达式结果
    m = Val(InputBox("请输入 m 的值"))
```

```
        n = Val(InputBox("请输入 n 的值"))
        p = Val(InputBox("请输入 p 的值"))
        y = (f2(m) + f2(n)) / f2(p)
        Print "方法二计算出的 y="; y
    End Sub

    Private Sub Command3_Click()            '响应单击"方法三"命令按钮
        Dim m As Integer, n As Integer, p As Integer
        Dim y As Single                     'y 存放最终表达式结果
        m = Val(InputBox("请输入 m 的值"))
        n = Val(InputBox("请输入 n 的值"))
        p = Val(InputBox("请输入 p 的值"))
        Call f3(m)          '调用 f3 子过程求 1+2+3+…+m 的值,结果在窗体变量 sum 中
        y = sum
        Call f3(n)          '再次调用 f3 子过程求 1+2+3+…+n 的值,结果也在变量 sum 中
        y = y + sum
        Call f3(p)          '调用 f3 子过程求 1+2+3+…+p 的值,结果在变量 sum 中
        y = y / sum
        Print "方法三计算出的 y="; y
    End Sub
```

（3）保存、调试运行结果

调试程序并保存运行结果。当三种方法输入 *m*、*n*、*p* 的值统一为 3、4、5 时，显示结果如图 8-2 所示。

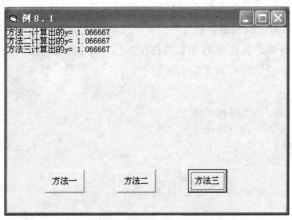

图 8-2　运行结果

从计算结果可以看出三种方法都可以计算出正确结果。但就程序而言，全局变量应尽量不用。如果过程处理后需要传回的结果只有一个，很明显采用 function 函数方法返回结果是正确的选择，从例中可以看出，"方法二"所用到的程序要简短很多。

例 8.2　编写一个函数过程 ProcMin，求一维数组中元素的最小值，并将最小值作为函数的返回值。主调程序随机产生 10 个从 0～100 之间的整数，调用 ProcMin 函数过程，显示最小值。

通过本例掌握数组作为参数时形参定义和实参使用的方法。

程序代码如下:
```
Private Sub Form_Click()
    Dim a(0 To 9) As Integer
    Print "数组的原始数据是: "
    For i = 0 To 9
        a(i) = Int(100 * Rnd)                   '随机产生一个整数
        Print a(i);
    Next i
    Print
    Print "数组中的最小值为: "; procmin(a)
End Sub
Private Function procmin(a() As Integer) As Integer
    '数组作为参数时，a()中的圆括号不能省略
    procmin = a(LBound(a))
    For i = LBound(a) + 1 To UBound(a)
        If procmin > a(i) Then procmin = a(i)   '求最小值
    Next i
End Function
```

该程序中参数使用了数组，数组作为参数一般通过地址方式进行传递。在传递数组时要注意以下两点：

① 在实参列表和形参列表中使作数组，忽略维数的定义，但圆括号不能省略。

② 如果被调用过程不知道实参数组的上下界，可以用 Lbound 和 Ubound 函数确定实参数组的上下界。函数的形式为：

```
L|Ubound(数组名[,维数])
```

其中维数指明要测试的是第几维的下标值，省略时为一维数组。

例8.3 静态变量和一般变量。

要求：不断单击窗体时，窗体的背景颜色在红色、绿色、蓝色之间循环切换。

通过本例掌握静态变量和一般变量的区别。

程序代码如下：
```
Private Sub Form_Click()
    Static index As Integer
    index = index + 1
    Select Case index
       Case 1
          Form1.BackColor = RGB(255,0,0)
       Case 2
          Form1.BackColor = RGB(0,255,0)
       Case 3
          Form1.BackColor = RGB(0,0,255)
       Case Else
          index = 0
    End Select
End Sub
```

由于静态变量 index 在过程调用结束时，会保留它的值。因此在不断单击窗体时，窗体的单击过程也在不断被调用，index 的值不会是每次从 0 开始，它的变化顺序是 0、1、2、3然后被

清 0。思考一下：如果 index 定义成一般变量，那么不断单击窗体时，窗体的背景颜色还是在红色、绿色、蓝色之间循环切换吗？如果不是，又会是什么样的呢？

例 8.4 编写一个函数过程，对于任意输入的字符串，判断是否为回文，函数的返回值类型为逻辑型。主调程序处理每一个字符串就调用该函数过程，然后在图形框中显示输入的字符串，并标识是否为回文，如图 8-3 所示。

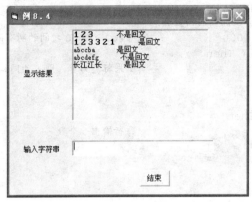

图 8-3 判断回文数

程序代码如下：

```
'主调程序，响应单击"结束"命令按钮
Private Sub Command1_Click()
    If Len(Text1) = 0 Then
        MsgBox ("字符串未输入，重新输入")           '判断是否输入了字符串
    Else
        If ish(Text1) Then                          '调用判断函数，返回值为真则是回文
            Picture1.Print Text1; "是回文"
        Else
            Picture1.Print Text1; "不是回文"
        End If
    End If
    Text1.Text = ""                                 '清空文本框
    Text1.SetFocus                                  '文本框获取焦点
End Sub

'定义判断函数
Private Function ish(ss As String) As Boolean
    Dim i As Integer, ls As Integer
    ish = True
    ss = Trim(ss)                                   '去掉空格
    ls = Len(ss)                                    '计算字符串长度
    For i = 1 To Int(ls / 2)                        '字符串前后相对应比较
        If Mid(ss, i, 1) <> Mid(ss,ls+1-i,1)Then
            '此时字符不相等，标志ish为假，并中断函数过程
            ish = False
            Exit Function
        End If
    Next i
End Function
```

例 8.5 设 a 为一整数，如果能使 a^2 的结果为 xa 的形式，则称 a 为"守形数"。例如 $5^2 = 25$，$25^2 = 625$，则 5 和 25 都是同构数。试编写一个函数过程 ismor()，其形参为一正整数，判断是否为同构数，然后用该过程查找 0-1000 内的所有同构数。

程序代码如下：

```
Private Sub Form_Click()
    Dim i As Long
    Print "0-1000 之间的同构数有: "
    For i = 1 To 1000               '寻找 1-1000 之间的所有同构数
        If ismor(i) Then
            Print i,                '如果标志为真，则 i 为同构数
            n = n + 1
        End If
        If n = 5 Then
            Print                   '每行输出 5 个数
            n = 0
        End If
    Next i
End Sub
'定义判断是否为同构数的函数
Private Function ismor(a As Long) As Boolean
    Dim aa As Long
    Dim sa As String, saa As String
    sa = Trim(Str(a))               '将整数转换成字符类型并去掉空格
    aa = a * a
    saa = Trim(Str(aa))             '将整数的平方转换成字符类型并去掉空格
    ismor = True
    For i = 1 To Len(sa)
        If Mid(sa, Len(sa) + 1 - i) <> Mid(saa, Len(saa) + 1 - i) Then
            '如果不相等，则判断该整数不是同构数
            ismor = False
            Exit Function
        End If
    Next i
End Function
```

程序运行结果如图 8-4 所示。

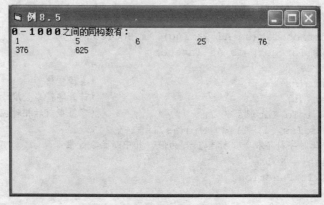

图 8-4 找同构数例运行结果

例 8.6 如图 8-5 所示，在文本框 Text1 中输入一段英文，编一函数找出其中最长的单词，并作为函数的返回值。在第二个文本框 Text2 中显示。设英文中只含有字母和空格，空格用来分隔不同的单词。

图 8-5 找最长单词示例

设计思路：分两步设计，第一步将英文句中每个单词分离出来，存放在字符数组 aw()中，变量 cw 记录单词的个数。第二步再在这个数组中找出最长的单词作为函数的返回值。

程序代码如下：

```
Option Base 1                          '数组起始标号从1开始
Private Sub Command1_Click()
   If Text1 = "" Then
      MsgBox ("句子为空,请重新输入英文")
   Else
      Text2 = longwords(Trim(Text1))
   End If
End Sub
'定义查找最长单词函数
Private Function longwords(s As String) As String
   Dim i As Integer
   Dim cw As Integer                   '单词个数记数
   Dim aw() As String                  '定义一个字符类型动态数组,存放英文句的每个单词
   Dim sw As String                    '字符缓冲区
   For i = 1 To Len(s)
      If Mid(s, i, 1) <> " " Then      '如果不是空格
         sw = sw + Mid(s, i, 1)        '放入到字符缓冲区中
      Else
         If Len(sw) <> 0 Then          '如果不是连续的空格
            cw = cw + 1
            ReDim Preserve aw(cw)      '动态声明数组
            aw(cw) = sw
            sw = ""                    '缓冲区清空
         End If
      End If
   Next i
   '需要加上最后一个单词
   cw = cw + 1
```

```
    ReDim Preserve aw(cw)              '动态声明数组
    aw(cw) = sw
    longwords = aw(1)
    For i = 2 To cw                    '找出取长的单词
       If Len(longwords) < Len(aw(i)) Then
          longwords = aw(i)
       End If
    Next i
End Function
```

实验习题：

1. 编写一个求 3 个数中最大数 max 和最小数 min 的函数过程，然后用这个函数求 n 个数中的最大数和最小数。n 由用户给出。（$n>3$）

提示：先将 n 个数存放在一个数组中，首先找出前 3 个数的最大值和最小值，然后再拿出数组中另两个数和已找出的最大数和最小数调用过程，找出最大值和最小值，依此类推。

2. 编写程序，求 $S=1!+2!+\cdots+10!$，要求分别用 Sub 子过程和 Function 过程两种方法定义求 $n!$ 的过程，然后调用该过程求出 S 的值。

3. 输入一段英文，找出字母 a 出现次数最多的英文单词。参考例题 8.6。

常见错误：

1. Sub 过程和 Function 过程调用方法是不一样的。Sub 子过程需要用 Call 语句调用，而函数过程可作为表达式的一个运算对象。

例如，有 Sub 过程 mysub()和 Function 过程 myfunction()。以下的调用方法都是错误的。
```
Y=x+mysub()
Call myfunction()
```

2. Sub 或 Function 过程必须先定义，然后才能调用。如果已经定义仍出现该错误，可能是过程名称拼错，请检查拼写并改正。另外，在模块中声明为私有的过程不能被模块外部的过程调用。

3. 传递的参数，其类型不能被强迫转换成所需的类型，则产生该错误，如下列程序所示：
```
Sub mysub(a As Long)
    If a Mod 2 = 0 Then Print a
End Sub
Private Sub Command1 - Click()
    Dim x As Integer
    For x = 1 To 100
        Call Mysub(x)
    Next x
End Sub
```

上述程序过程中预期的是 Long 类型，而传递的却是 Integer 变量，就会产生 ByRef 参数类型不符错误。假如想要避免发生这种情形，可以将参数放在括弧中进行传递，可将调用语句写成：
```
Call Mysub((x))
```

将参数放在括弧中，强迫其作为一个表达式来计算。此时参数的传递方式实际上变成了 ByVal。

实验九　标准控件（一）

实验目的：
- 掌握单选按钮和复选框的使用方法。
- 掌握框架控件的使用方法。
- 掌握图像框和图片框控件的使用方法。

知识要点：

1. 单选按钮和复选框

单选按钮是最常用的选择性控件，其作用类似单选题。它是多选一控件，只能从多个选项中选择一个，各选项间的关系是互斥的，同一时刻只能选择同一组中的一个单选按钮。主要属性 Value，常用于返回一个单选按钮的状态，然后根据按钮状态进行判断或其他操作。创建了单选按钮对象后，默认名字为 OptionX。

复选框类似于单选按钮，所不同的是：一组单选按钮中只允许选定其中的一个；而在一组复选框中却可以选择多个，即复选框的功能是独立的，各选项间不互斥。其作用类似多选题。主要属性是 Value，返回或设置复选框的状态。创建了复选框对象后，默认名字为 CheckX。

单选按钮的 Value 属性值是逻辑型，而复选框的 Value 属性值是数值型。单选按钮和复选框都能响应 Click 事件，但通常不需要编写事件过程。

2. 框架

框架是容器类控件，主要作用是将窗体上的控件进行分类，以便于用户识别。用框架将同一个窗体上的单选按钮分组后，每一组单选按钮都是独立的，也就是说，在一组单选按钮中进行操作不会影响其他组单选按钮的选择。

框架控件的默认名：FrameX，重要属性是 Caption，一般不需要编写事件过程。

3. 图像框和图片框

图片框：用来显示 .bmp、.ico、.jpeg、.jpg、.gif 等图片类型的文件，且可以绘制图形、显示文本或计算结果，还可作为容器放置其他控件。图片框控件的默认名：PictureX。

图像框：用来显示 .bmp、.ico、.jpeg、.jpg 等图片类型的文件，其装载显示图片的速度较图片框快。图像框控件的默认名：ImageX。

图像框和图片框共有的一个主要属性是 Picture，其值是显示的图片。

图片框还有一个主要属性是 Autosize，用于控制图片框的大小。

图像框还有一个主要属性是 Stretch，用于确定是调整图像框大小以适应图片框，还是调整图形大小以适应图像框。

实验示例：

例 9.1 编写图 9-1 所示的应用程序。当选择了专业和选修课程后，单击"确定"按钮，显示自己的专业和选修课程的名称。

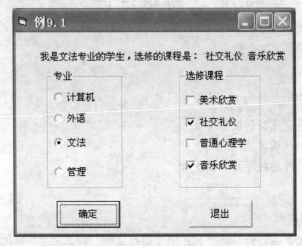

图 9-1 例 9.1 运行界面

操作步骤：

（1）界面设计

新建一个工程，在窗体中依次添加 1 个标签，4 个单选按钮，4 个复选框，2 个命令按钮，并调整好位置和大小，各对象的属性设置如表 9-1 所示。

表 9-1 属性设置

对象名	属性	属性值
Form1	Caption	例 9.1
Label1	Caption	我是
	AutoSize	True
Frame1	Caption	专业
Option1	Caption	计算机
Option2	Caption	外语
Option3	Caption	文法
Option4	Caption	管理
Frame2	Caption	选修课程
Check1	Caption	美术欣赏
Check2	Caption	社交礼仪
Check3	Caption	普通心理学
Check4	Caption	音乐欣赏
Command1	Caption	确定
Command2	Caption	退出

（2）代码设计

分析：Frame1 中的 4 个选项是互斥的，选择多分支结构实现较合适，Frame2 中的 4 个选项不互斥，分别用 4 个单分支实现。

程序代码如下：

```
Private Sub Command1_Click()
    If Option1.Value = True Then
        Label1.Caption = Label1.Caption & Option1.Caption
                                        & "专业的学生，选修的课程是："
    ElseIf Option2.Value = True Then
        Label1.Caption = Label1.Caption & Option2.Caption
                                        & "专业的学生，选修的课程是："
    ElseIf Option3.Value = True Then
        Label1.Caption = Label1.Caption & Option3.Caption
                                        & "专业的学生，选修的课程是："
    Else
        Label1.Caption = Label1.Caption & Option4.Caption
                                        & "专业的学生，选修的课程是："
    End If
    If Check1.Value = 1 Then
        Label1.Caption = Label1.Caption & " " & Check1.Caption
    End If
    If Check2.Value = 1 Then
        Label1.Caption = Label1.Caption & " " & Check2.Caption
    End If
    If Check3.Value = 1 Then
        Label1.Caption = Label1.Caption & " " & Check3.Caption
    End If
    If Check4.Value = 1 Then
        Label1.Caption = Label1.Caption & " " & Check4.Caption
    End If
End Sub
```

（3）运行、测试并保存应用程序

运行程序，测试通过后保存应用程序。（窗体文件"VB9-1.frm"，工程文件"VB9-1.vbp"）

例 9.2　编写如图 9-2 所示的应用程序。当单击窗体时，分别显示不同的图片。

图 9-2　例 9.2 运行界面

操作步骤:
(1) 界面设计

新建一个工程,在窗体中添加 1 个图像框,并调整好位置和大小,各对象的属性设置如表 9-2 所示。

表 9-2 属 性 设 置

对 象 名	属 性	属 性 值
Form1	Caption	例 9.2
Image1	Stretch	True

(2) 代码设计

```
Public i As Integer
Private Sub Form_Click()
   i = i + 1
   If i Mod 4 = 0 Then
      Image1.Picture = LoadPicture("e:\pic\t001.jpg")
   ElseIf i Mod 4 = 1 Then
      Image1.Picture = LoadPicture("e:\pic\t002.jpg")
   ElseIf i Mod 4 = 2 Then
      Image1.Picture = LoadPicture("e:\pic\t003.jpg")
   ElseIf i Mod 4 = 3 Then
      Image1.Picture = LoadPicture("e:\pic\t004.jpg")
   End If
End Sub
```

(3) 运行、测试并保存应用程序

运行程序,测试通过后保存应用程序。(窗体文件"VB9-2.frm",工程文件"VB9-2.vbp")

思 考

变量 i 为何要定义成 public 型,若定义为局部变量是否可以,为什么?

例 9.3 编写如图 9-3 所示的应用程序。当单击"左移"按钮,图片框左移;单击"右移"按钮,图片框右移;单击"左移且放大"按钮,图片框左移并放大;单击"右移且缩小"按钮,图片框右移并缩小。

图 9-3 例 9.3 运行界面

操作步骤:
(1) 界面设计

新建一个工程,在窗体中依次添加 1 个图像框,5 个命令按钮,并调整好位置和大小,各对象的属性设置如表 9-3 所示。

表 9-3 属 性 设 置

对 象 名	属 性	属 性 值
Form1	Caption	例 9.3
Picture1	Picture	E:\pic\error.gif
Command1	Caption	左移
Command2	Caption	右移
Command3	Caption	左移且放大
Command4	Caption	右移且缩小
Command5	Caption	退出

（2）代码设计

```
Private Sub Command1_Click()
    Picture1.Move Picture1.Left - 200
End Sub
Private Sub Command2_Click()
    Picture1.Move Picture1.Left + 200
End Sub
Private Sub Command3_Click()
    Picture1.Move Picture1.Left - 200, Picture1.Top, Picture1.Width + 200
End Sub
Private Sub Command4_Click()
    Picture1.Move Picture1.Left + 200, Picture1.Top, Picture1.Width - 200
End Sub
Private Sub Command5_Click()
    End
End Sub
```

（3）运行、测试并保存应用程序

运行程序，测试通过后保存应用程序。（窗体文件"VB9-3.frm"，工程文件"VB9-3.vbp"）

思 考

Picture1.Move Picture1.Left－200, Picture1.Top, Picture1.Width＋200 能否改成 Picture1.Move Left－200, Picture1.Top, Width＋200，为什么？

实验习题：

1. 编写运行界面图 9-4 所示的程序。

要求：每单击命令按钮一次，就选中下一个单选按钮，如果选中最后一个单选按钮，再单击命令按钮，则选中第一个单选按钮。

2. 编写运行界面图 9-5 所示的程序。

要求：程序运行后，如果只选中"篮球"复选框，单击"确定"按钮，在文本框中显示"观看篮球比赛"；如果只选中"足球"复选框，单击"确定"按钮，在文本框中显示"观看足球比赛"；如果同时选中"篮球"和"足球"复选框，单击"确定"按钮，在文本框中显示"观看篮球和足球比赛"；如果两个都不选，单击"确定"按钮，在文本框中显示"休息"。

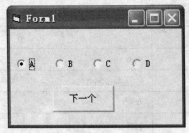 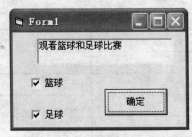

图 9-4 实验习题 1 运行界面　　图 9-5 实验习题 2 运行界面

常见错误：

（1）控件没有添加到框架中

判断一个控件是否已添加到框架上，主要是看移动框架时该控件是否也跟随一起移动。

（2）不能加载或卸载该对象

Load 或 UnLoad 语句引用了无效的对象或控件。

实验十 标准控件(二)

实验目的:
- 掌握列表框、组合框的使用方法。
- 掌握滚动条控件的使用方法。
- 计时器控件的使用方法。

知识要点:

1. 列表框和组合框

列表框是一个为用户提供选择的列表,用户可从中单击选取自己所需的一个或多个选项。如果选项太多,超出列表框设计的大小时,不能一次全部显示,VB会自动加上垂直滚动条。列表框控件的默认名:ListX。

组合框是由文本框(TextBox)与列表框(ListBox)"组合"而成的控件。用户可以通过在文本框输入新文本内容或在列表框中单击列表选项选择已有内容。组合框控件的默认名:ComboX。

列表框和组合框实质就是存放字符数组,以可视化形式直观地显示,通过提供的属性和方法方便地对字符串数组进行添加、删除、修改、选择、排序和查找操作。

2. 滚动条

当信息量很大时,利用滚动条提供便利的定位;也可以作为数据输入的工具;也常用做数量、速度的指示器。滚动条分为水平滚动条(HScrollBox)和垂直滚动条(VScrollBox)两种,两种滚动条只是方向不同,具有相同的属性、事件和方法。水平滚动条控件的默认名:HScrollX;垂直滚动条控件的默认名:VScrollX。

3. 计时器

计时器以时间驱动,按一定的时间间隔周期性地自动执行相同的任务。计时器控件在运行时不可见,默认名为:TimerX。

计时器特有的常用属性是Interval,它的值以0.001s为单位。Timer是计时器的唯一事件。可以利用计时器连续播放图片以达到动画效果。

实验示例:

例10.1 编写图10-1(a)所示的应用程序。当在列表框中单击某一项时,则在文本框中显示该项的内容,如图10-1(b)所示;当单击"添加"按钮则将"杭州"添加到列表框中,如图10-1(c)所示。

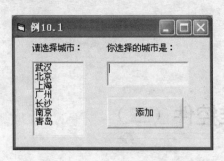

(a)例 10.1 运行界面(一)　　　　(b)例 10.1 运行界面(二)

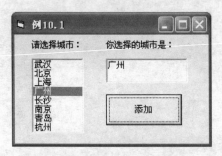 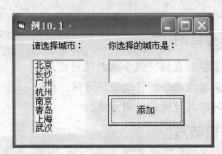

(c)例 10.1 运行界面(三)　　　　(d)例 10.1 运行界面(四)

图 10-1　例 10.1 界面

操作步骤：

(1)界面设计

新建一个工程，在窗体中依次添加 2 个标签，1 个列表框，1 个文本框，1 个命令按钮，并调整好位置和大小，各对象的属性设置如表 10-1 所示。

表 10-1　属 性 设 置

对　象　名	属　　性	属　性　值
Form1	Caption	例 10.1
Label1	Caption	请选择城市：
Label2	Caption	你选择的城市是：
Text1	Value	空白
List1	List	内容见图 10-1(a)
Command1	Caption	添加

(2)代码设计

```
Private Sub List1_Click()
    Text1.Text = List1.Text
End Sub
Private Sub Command1_Click()
    List1.AddItem "杭州"
End Sub
```

(3)运行、测试并保存应用程序

运行程序，测试通过后保存应用程序。(窗体文件"VB10-1.frm"，工程文件"VB10-1.vbp")

思 考

将 List1 的 sorted 属性设置为 True，运行工程，单击"添加"按钮，运行效果如图 10-1（d）所示，和图 10-1（c）比较，有何不同？为什么？

例 10.2 编写图 10-2 所示的应用程序。通过滚动条（当滚动条的 Value 属性改变时）来改变文本框中文字的字体并在窗体上的标签内显示出字体的名称。

操作步骤：

（1）界面设计

新建一个工程，在窗体中依次添加 4 个标签，1 个水平滚动条，1 个文本框，并调整好位置和大小，各对象的属性设置如表 10-2 所示。

表 10-2 属性设置

对 象 名	属 性	属 性 值
Form1	Caption	例 10.2
Text1	Caption	欢迎测试
	Fontsize	四号
Label1	Caption	空白
Label2	Caption	宋体
Label3	Caption	黑体
Label4	Caption	隶书
Hscroll1	Max	3
	Min	1

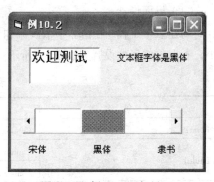

图 10-2 例 10.2 运行界面

（2）代码设计

```
Private Sub HScroll1_Change()
Select Case HScroll1.Value
    Case 1
        Text1.FontName = "宋体"
        Label1.Caption = "文本框字体是宋体"
    Case 2
        Text1.FontName = "黑体"
        Label1.Caption = "文本框字体是黑体"
    Case 3
        Text1.FontName = "隶书"
        Label1.Caption = "文本框字体是隶书"
    End Select
End Sub
```

（3）运行、测试并保存应用程序

运行程序，测试通过后保存应用程序。（窗体文件为"VB10-5.frm"，工程文件为"VB10-5.vbp"）

例 10.3 编写如图 10-3（a）的应用程序。当单击"开始"按钮，标签中的数字每隔一秒加 1，单击"停止"按钮，则标签中的数字停止增加，如图 10-3（b）所示。

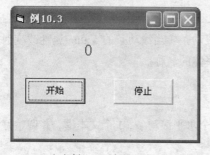
（a）例 10.3 运行界面（一）

（b）例 10.3 运行界面（二）

图 10-3 运行界面

（1）界面设计

新建一个工程，在窗体中依次添加 1 个标签，1 个计时器，2 个命令按钮，并调整好位置和大小，各对象的属性设置如表 10-3 所示。

表 10-3 属性设置

对 象 名	属 性	属 性 值
Form1	Caption	例 10.3
Lable1	Caption	0
	Fontsize	三号
Timer1	Enabled	False
	Interval	1000
Command1	Caption	开始
Command2	Caption	停止

（2）代码设计

```
Private Sub Command1_Click()
    Timer1.Enabled = True
End Sub
Private Sub Command2_Click()
    Timer1.Enabled = False
End Sub
Private Sub Timer1_Timer()
    Label1.Caption = Label1.Caption + 1
End Sub
```

（3）运行、测试并保存应用程序

运行程序，测试通过后保存应用程序。（窗体文件为"VB10-3.frm"，工程文件为"VB10-3.vbp"）

思 考

设计界面时，能否将 Timer1 的 Enabled 属性值设置为 True？为什么？

实验习题：

1. 编写运行界面如图 10-4 所示的程序。要求：程序运行后，若单击窗体，则从图片框(400,200)

位置处开始显示"VB考试"。

2. 编写运行界面如图 10-5 所示的程序。要求：单击"左端"按钮，滚动滑块移到最左端；单击"居中"按钮，滚动滑块移到滚动条的中间位置；单击"右端"按钮，滚动滑块移到最右端。（水平滚动条的 Min 属性值为 0，Max 属性值为 100）

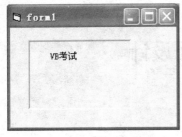
图 10-4 实验习题 1 运行界面

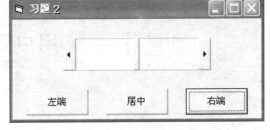
图 10-5 实验习题 2 运行界面

3. 编写运行界面如图 10-6 所示的计时程序。要求：单击"开始"按钮，如图 10-6（a）所示，标签中的数字每隔一秒减 1，当标签中的数字为 0 时，则停止减 1，标签中显示"时间到"，运行界面如图 10-6（b）所示。

（a）实验习题 3 运行界面（一）

（b）实验习题 3 运行界面（二）

图 10-6 计时程序

常见错误：

（1）滚动条的 Scroll 和 Change 事件过程不起作用

滚动条的 Scroll 事件是在拖动滑块时发生的事件，单击两端的箭头或空白处不会产生 Scroll 事件，因而 Scroll 事件过程不起作用。

滚动条 Change 事件是当 Value 属性值改变时产生的事件。拖动滑块过程 Value 属性值不会改变，不会产生 Change 事件，因而 Change 事件过程不起作用。但是，拖动滑块结束时 Value 属性值会改变，应产生 Change 事件。

（2）试图为对象或控件的属性设置允许范围之外的值

例如：给滚动条的 Max 属性设置为 32768。

（3）定时器及其 Timer 事件过程不起作用

当定时器的 Enabled 属性为 False 或 Interval 属性为 0 时，定时器及其 Timer 事件过程是不起作用的。在默认情况下，定时器的 Enabled 属性是 True，但 Interval 属性是 0。因此，程序设计时，常常忘记了设置 Interval 属性，因而定时器及其 Timer 事件过程不起作用。

实验十一　用户界面设计

实验目的：
- 掌握下拉式菜单设计的方法。
- 掌握菜单命令代码的编写方法。
- 掌握快捷菜单设计的方法。
- 掌握对话框的使用和设计。
- 掌握键盘鼠标事件。

知识要点：

1. 下拉式菜单及操作

在 Windows 应用程序窗口中，所有的操作都可以通过菜单实现。菜单可以方便地显示程序的各项功能，方便用户选择，使用户快速进入到需要的界面中。菜单分为下拉式菜单和弹出式菜单两种。菜单可看成一个不在工具箱中的控件，只能响应 Click 事件。

下拉式菜单的主菜单显示在菜单栏中，当程序执行时，用鼠标或键盘选择某个菜单项会弹出下拉式子菜单。

2. 弹出式菜单及操作

通过右击时弹出的菜单为弹出式菜单，又称快捷菜单。弹出式菜单所显示的菜单项的内容取决于右击时指针所处的位置。

3. 菜单编辑器及操作

（1）菜单编辑器的功能

菜单编辑器可以创建新的菜单和菜单栏、在已有的菜单上增加新命令、用自己的命令替换已有的菜单命令，修改和删除已有的菜单和菜单栏。

（2）菜单编辑器的启动

菜单编辑器的打开可以选择下列方式之一：

① 选择"工具"→"菜单编辑器"命令。
② 单击"标准"工具栏中的"菜单编辑器"按钮🗋。
③ 右击要添加菜单的窗体，在弹出的快捷菜单中选择"菜单编辑器"命令。
④ 按快捷键【Ctrl+E】调用快捷菜单。

4．通用对话框及操作

通用对话框包括6种标准对话框，分别是"打开"对话框、"另存为"对话框、"颜色"对话框、"字体"对话框、"打印"对话框以及"帮助"对话框。

添加 CommonDialog 控件：通用对话框即 CommonDialog，不是标准控件，属于 ActiveX 控件，使用时必须添加到工具箱中，操作步骤如下：

① 选择"工程"→"部件"命令，弹出"部件"对话框。
② 在"部件"对话框中选择 Microsoft Common Dialog Control 6.0 选项。
③ 单击"确定"按钮。添加完成后工具箱中出现 CommonDialog 按钮 。

5．多窗体和多文档界面设计

（1）多窗体的建立

多窗体是指在一个应用程序中有多个并列的窗体，每个窗体各自独立，有自己独特的功能。建立步骤如下：

① 建立第一个窗体。
② 选择"工程"→"添加窗体"命令或单击工具栏中的"添加窗体"按钮。

（2）多窗体的启动

多窗体程序由多个窗体组成，在程序开始运行时只能运行一个窗体，这个窗体就是启动窗体。系统默认第一个创建的窗体 Form1 为启动窗体。

用户也可以根据需要，指定其他窗体为其启动窗体。方法如下：

通过"工程"菜单的"工程属性"对话框来设置。在"工程属性"对话框的"通用"选项卡下，在"启动对象"下拉列表框中选择启动窗体的名称即可。

6．键盘和鼠标

鼠标和键盘是用户与计算机交互的工具，窗体和大部分控件都能响应鼠标和键盘事件。当用户使用键盘进行交互时，就会产生键盘事件。当用户操作鼠标时，就会触发鼠标事件。

实验示例：

例 11.1 编写如图 11-1 所示的应用程序。通过选择"操作"→"显示"命令，则在文本框中显示"欢迎测试"，选择"操作"→"清除"命令，则清除文本框中的信息。

图 11-1　例 11.1 运行界面

操作步骤：

（1）界面设计

① 新建一个工程，在窗体中添加一个文本框，Text 属性清空。

② 选择"工具"→"菜单编辑器"命令，打开"菜单编辑器"对话框。

③ 在标题文本框中输入"操作"，此时在菜单列表区出现输入的内容，然后在"名称"文本框内输入 mnuOp。

④ 单击"下一个"按钮，菜单列表框中的条形光标下移，同时属性区清空。

⑤ 单击 → 按钮，菜单列表区出现"…"符号，表明"显示"是"操作"菜单的下一级菜单。

⑥ 在标题文本框中输入"显示",此时在菜单列表区出现输入的内容,然后在"名称"文本框内输入 mnuOpDis。

⑦ 按上述步骤,在菜单编辑器中建立所有的菜单项,具体属性设置如表 11-1 所示。

表 11-1 属 性 设 置

标 题	名 称
操作	mnuOp
…显示	mnuOpDis
…清除	mnuOpCls

(2)代码设计

```
Private Sub mnuOpDis_Click()
    Text1.Text = "欢迎测试"
End Sub
Private Sub mnuOpCls_Click()
    Text1.Text = ""
End Sub
```

(3)运行、测试并保存应用程序

运行程序,测试通过后保存应用程序。(窗体文件为"VB11-1.frm",工程文件为"VB11-1.vbp")

例 11.2 编写如图 11-2 所示的应用程序。右击 Text1,弹出一个快捷菜单,选择"复制"命令,则将 Text1 的内容复制到 Text2 中,选择"删除"命令,则将 Text1 的内容删除。

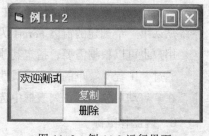

图 11-2 例 11.2 运行界面

操作步骤:

(1)界面设计

新建一个工程,在窗体中依次添加 2 个文本框,并调整好位置和大小,各对象的属性设置如表 11-2 所示。

表 11-2 文本框属性设置

对 象 名	属 性	属 性 值
Form1	Caption	例 11.2
Text1	Text	欢迎测试
Text2	Text	空白

参照例 11.1 的方法,在菜单编辑器中添加表 11-3 所示的弹出式菜单。

表 11-3 弹出式菜单属性设置

标 题	名 称	可 见
编辑	mnuEdit	不可见
…复制	mnuCopy	可见
…删除	mnuDelete	可见

（2）代码设计

```
Private Sub Text1_MouseDown(Button As Integer, Shift As Integer, X As Single, -Y As Single)
    If Button = 2 Then          '如果右击
        PopupMenu mnuEdit       '弹出快捷菜单
    End If
End Sub
Private Sub mnuCopy_Click()
    Text2.Text = Text1.Text
End Sub
Private Sub mnuDelete_Click()
    Text1.Text = ""
End Sub
```

（3）运行、测试并保存应用程序

运行程序，测试通过后保存应用程序。（窗体文件为"VB11-2.frm"，工程文件为"VB11-2.vbp"）

例 11.3 编写如图 11-3 所示的应用程序。在 Form1 界面创建 Form2、Form3 两个子菜单的 Form 菜单，选择 Form2 子菜单，以无模式显示 Form2，选择 Form3 子菜单，以有模式显示 Form3。

操作步骤：

（1）界面设计

① 新建一个工程，选择"工程"→"添加窗体"命令，依次添加 Form2 和 Form3。

图 11-3 例 11.3 运行界面

② 选择"工具"→"菜单编辑器"命令，弹出"菜单编辑器"对话框。

③ 在标题文本框中输入"Form2 子菜单"，此时在菜单列表区出现输入的内容，然后在"名称"文本框内输入 mnuForm2。

④ 单击"下一个"按钮，菜单列表框中的条形光标下移，同时属性区清空。

⑤ 在标题文本框中输入"Form3 子菜单"，此时在菜单列表区出现输入的内容，然后在"名称"文本框内输入 mnuForm3。

（2）代码设计

```
Private Sub mnuForm2_Click()
    Form2.Show 0
End Sub
Private Sub mnuForm3_Click()
    Form3.Show 1
End Sub
```

（3）运行、测试并保存应用程序

运行程序，测试通过后保存应用程序。（窗体文件为"VB11-3.frm"，工程文件为"VB11-3.vbp"）

例 11.4 编写如图 11-4 所示的应用程序。当在命令按钮上按下鼠标按键时，按钮标题显示"按钮被按下"；当释放鼠标按键时，按钮标题显示"按钮被释放"。

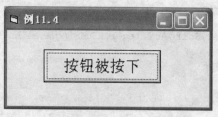 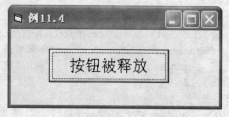

（a）例11.4运行界面（一）　　　　（b）例11.4运行界面（二）

图11-4　运行界面

操作步骤：

（1）界面设计

新建一个工程，在窗体中添加1个命令按钮，并调整好位置和大小，Caption属性设置为"鼠标事件设置"，Fontsize属性设置为"小三"。

（2）代码设计

```
Private Sub Command1_MouseDown(Button As Integer, Shift As Integer, X As -Single,Y As Single)
    Command1.Caption = "按钮被按下"
End Sub
Private Sub Command1_MouseUp(Button As Integer, Shift As Integer, X As -Single,Y As Single)
    Command1.Caption = "按钮被释放"
End Sub
```

（3）运行、测试并保存应用程序

运行程序，测试通过后保存应用程序。（窗体文件为"VB11-4.frm"，工程文件为"VB11-4.vbp"）

例11.5　编写如图11-5所示的应用程序。程序运行时，光标在文本框中，按【Enter】键，光标从文本框上移动到按钮上。

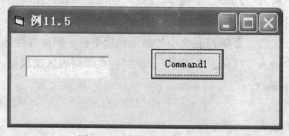

图11-5　例11.5运行界面

操作步骤：

（1）界面设计

新建一个工程，在窗体中依次添加1个文本框，1个命令按钮，并调整好位置和大小。

（2）代码设计

```
Private Sub Text1_KeyDown(KeyCode As Integer, Shift As Integer)
    If KeyCode = 13 Then
        Command1.SetFocus
    End If
End Sub
```

（3）运行、测试并保存应用程序

运行程序，测试通过后保存应用程序。（窗体文件为"VB11-5.frm"，工程文件为"VB11-5.vbp"）

实验习题:

1. 编写如图 11-6 所示的应用程序,要求程序运行后,如果选择"名单"→"张南"命令,则在文本框中显示"张南";如果选择"名单"→"王杰"命令,则在文本框中显示"王杰";如果选择"名单"→"李海"命令,则在文本框中显示"李海"。

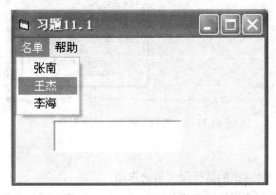

图 11-6 实验习题 1 的设计界面

2. 编写如图 11-7 所示的应用程序,右击 Text1,在弹出的快捷菜单中选择"左对齐"命令,则 Text1 的内容左对齐;选择"居中对齐"命令,则 Text1 的内容居中对齐;选择"右对齐"命令,则 Text1 的内容右对齐。

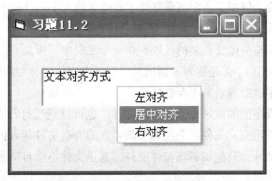

图 11-7 实验习题 2 的设计界面

3. 编写如图 11-8 所示的应用程序,程序运行时,按【F1】键,弹出消息框"您按下了 F1"。

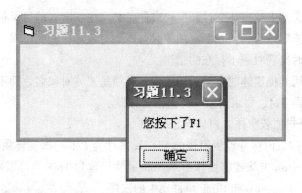

图 11-8 实验习题 3 的设计界面

4. 编写如图 11-9 所示的应用程序，程序运行时，在窗体文本框中输入内容，若输入数值型信息，弹出消息框"禁止输入数值型数据！"。

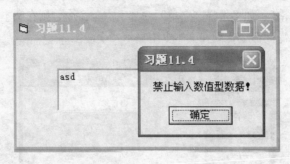

图 11-9 实验习题 4 的设计界面

常见错误：

（1）在程序中对通用对话框的属性设置不起作用

在程序中，通用对话框的属性设置语句必须放在打开对话框语句之前，否则本次打开对话框时将不起作用。

（2）在工程中添加现有窗体时发生加载错误

在选择"工程"→"添加窗体"命令添加一个现存窗体时经常会发生加载错误，绝大多数是因为窗体名称冲突的缘故。例如，假定当前打开了一个名称为 Form1 的窗体，如果想把属于另一个工程的 Form1 窗体装入时，则肯定会出错。

读者要注意窗体名称与窗体文件名的区别。在一个工程中，可以有两个窗体文件名相同的窗体（分布在不同的文件夹中），但是绝对不能同时出现两个窗体名称相同的窗体。

（3）装入多窗体程序时出现对象不存在的错误

对于简单的单窗体程序的加载可以通过.vbp 文件，也可以直接打开.frm 文件。但是对于多窗体程序的加载必须通过调用.vbp 文件，它把属于该工程的所有文件装入内存。如果直接打开多窗体程序中的某一个窗体文件，只能加载该窗体文件，其他文件不能自动装入内存，程序运行时将出现对象不存在的错误。

此外，对于多窗体程序，当窗体增加或删除后，必须重新保存工程文件，否则，工程文件不能反应这一变化。

对于记录在工程文件中的窗体文件和模块文件，必须注意所在的目录位置。在复制多窗体程序对应的文件时不要遗漏，否则，在下次加载时会产生对象不存在的错误。

（4）多窗体调用时出现对象不存在的错误

用 Show 方法调用其他窗体时，被调用的窗体必须是窗体对象名，而不应是窗体文件名，否则，会产生"实时错误 424，要求对象"的出错信息提示。

（5）使用 Load 语句加载窗体，窗体不显示

Load 语句将窗体装入内存并设置窗体的 Visible 属性为 False，即窗体用 Load 语句加载到内存后并不显示，需要用 Show 方法或将窗体的 Visible 属性设置为 True 才可以显示。

（6）MouseDown、MouseUp 和 Click 事件发生的次序

当用户单击窗体或控件时 MouseDown 事件被触发，MouseDown 事件肯定发生在 MouseUp 和

Click 事件之前。但是，MouseUp 和 Click 事件发生的次序与单击的对象有关。

当用户在标签、文本框或窗体上作单击时，其顺序为：

① MouseDown；

② MouseUp；

③ Click。

当用户单击命令按钮时，其顺序为：

① MouseDown；

② Click；

③ MouseUp。

当用户双击标签或文本框时，其顺序为：

① MouseDown；

② MouseUp；

③ Click；

④ DblClick；

⑤ MouseUp。

（7）鼠标的形状

MousePointer 属性决定鼠标的形状。该属性可以取 0～15 或 99 的值，其含义可参阅 VB 帮助系统。

如果想用某个图标文件设置鼠标的形状，则应把 MousePointer 属性设置为 99，然后将图标装入 MouseIcon 属性。例如，要将窗体上鼠标形状设置为 Pen01.ico，可以使用语句：

Form. MouseIcon = LoadPictrue("Pen01.ico")

也可以通过下面的语句将 Pictrue1 中的图形设置为鼠标的形状。

Form. MouseIcon = Pictrue1. Pictrue1

实验十二　数据文件

实验目的：
- 掌握文件系统的基本概念。
- 掌握顺序文件、随机文件、二进制文件的特点及使用方法。
- 掌握文件的打开、读/写和关闭。
- 学会利用文件建立简单的应用程序。

知识要点：

1. 基本概念

文件：存储在外存储器上的用文件名标识的数据集合。所有文件都有文件名，文件名是处理文件的依据。

文件分类：根据文件的内容可分为程序文件和数据文件；根据存储信息的形式可分为 ASCII 码文件和二进制文件；根据访问模式可分为顺序文件、随机文件和二进制文件。

文件的读/写：计算机内存向外存文件传送数据，为写文件操作，使用规定的"写语句"；将外存文件中的数据向内存传送，为读文件操作，使用规定的"读语句"。

文件缓冲区：文件打开后，VB 为文件在内存中开辟了一个文件缓冲区。对文件的读/写都经过缓冲区。使用文件缓冲区的好处是提高文件读/写的速度。一个打开的文件对应一个缓冲区，每个缓冲区有一个缓冲区号，即文件号。

2. 顺序文件及操作

顺序文件：文件中记录的写入、读出的顺序是一致的，即记录的逻辑顺序和物理顺序相同。读数据时从头到尾按顺序读，写入时也一样，不可以跳过前面的数据而直接读/写某个数据。如果要处理的文件只包含文本信息，其中的数据没有分成记录，就可以使用顺序形访问。

数据写入顺序文件的操作通常有 3 个步骤：打开、写入和关闭；从顺序文件读数据到内存具有相同的步骤：打开、读出和关闭。

（1）打开文件

在对文件进行任何操作之前，必须先打开文件，同时通知操作系统对文件进行何种操作。有以下 3 种打开文件的模式：

读文件：`Open 文件名 For Input As #文件号`

写文件：`Open 文件名 For Output As #文件号`

追加数据：Open 文件名 For Append As #文件号

（2）写操作

将数据写入文件为写操作。写语句有两种格式：

Print # 文件号,[输出项表]
Write # 文件号,[输出项表]

区别：Write 语句输出时在数据项之间自动插入逗号分隔符，并给字符串加上双引号，以区分数据项和字符串类型，而 Print 语句无此功能。

（3）读操作

从文件中读取数据到内存为读操作。读语句有下列 3 种：

依次读入数据：Input # 文件号,变量列表

读取一个完整的行：Line Input # 文件号,字符型变量

读出一串字符：Input (读取的字符数,文件号)

（4）关闭文件

当结束各种读/写操作后，必须将文件关闭，否则会造成数据丢失等现象。格式为：

Close [# 文件号1][,# 文件号2]…

如果指定文件号，则把指定的文件关闭；如果不指定文件号，则关闭所有打开的文件。

3．随机文件及操作

随机文件：随机文件中每条记录的长度都是相同的，每个记录有唯一的记录号，按记录号进行读/写，以二进制的形式存放数据。随机文件适宜直接对某条记录进行读/写操作。

记录：一般用 Type…End Type 定义记录类型，然后再声明记录变量。

定长字符串：随机文件中记录类型的字符串成员必须是定长，声明时必须指明字符串长度。

（1）打开文件

语句格式：Open 文件名 For Random As # 文件号 [Len = 记录长度]

说明：打开后可以同时进行读/写操作。

（2）写操作

语句格式：Put [#] 文件号,[记录号],变量名

说明：记录号是大于 1 的整数，表示写入的是第[记录号]条记录。如果忽略记录号，则表示在当前记录后写入一条记录。

（3）读操作

语句格式：Get [#] 文件号,[记录号],变量名

4．二进制文件及操作

任何一个文件都可以当作二进制文件处理。二进制文件的访问单位是字节，而随机文件的访问单位是记录。当记录的长度为 1 时，随机文件就成为二进制文件。二进制文件的读/写使用与随机文件使用一样的语句：Get 和 Put 语句。当一个程序需要处理不同类型的文件时（如文件复制、合并等），往往把处理的文件当作二进制文件来处理。

（1）打开文件

语句格式：Open 文件名 For Binary As # 文件号

说明：如果在 Open 语句中包括了记录长度，则被忽略。

（2）读/写操作

二进制文件的读/写操作与随机文件一样，也使用 Get 和 Put 语句：

Put [#] 文件号,[位置],变量名
Get [#] 文件号,[位置],变量名

说明：二进制文件的读/写以字节为单位。

（3）指针定位

语句格式：Seek [#] 文件号,位置

功能：将文件指针定位到下一个读/写操作的位置。

5. 文件相关函数

文件数据会随记录的添加、删除等操作而改变。在对文件进行操作时必须随时了解文件的状态，VB 为用户提供了与文件操作相关的函数。

（1）EOF(文件号)

功能：测试是否到了文件末尾，函数值为逻辑型。

（2）LOF(文件号)

功能：返回指定的文件号的文件字节数，函数值为长整型。

（3）LEN(变量)

功能：返回指定变量的长度。其中变量是字符型变量或自定义变量。

（4）LOC(文件号)

功能：对顺序文件返回当前字节位置除以128后的值；对随机文件返回上一次读/写的记录；对二进制文件返回上一次读/写的字节位置。

（5）Seek(文件号)

功能：返回当前文件指针的位置。

实验示例：

例 12.1 编写如图 12-1 所示的应用程序。通过单击命令按钮 1，则分别用 Print 和 Write 语句将 3 个同学的学号、姓名和某科成绩写入文件 Score1.dat 和 Score2.dat 中。通过单击命令按钮 2，将文件 Score1.dat 中的数据用 Line Input 语句读入文本框 1 中。通过单击命令按钮 3，将文件 Score2.dat 中的数据用 Input 语句读入文本框 2 中。

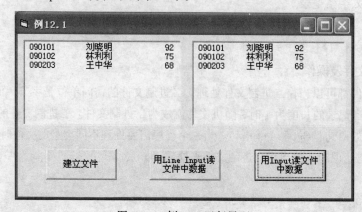

图 12-1 例 12.1 运行界面

操作步骤：
（1）设置窗体上各控件的属性
属性值如表 12-1 所示。

表 12-1　例 12.1 控件属性列表

控件名称	属　性	属　性　值
Text1	MultiLine	True
Text2	MultiLine	True
Command1	Caption	建立文件
Command2	Caption	用 Line Input 读文件中数据
Command3	Caption	用 Input 读文件中数据

（2）代码设计

```
Private Sub Command1_Click()                '建立文件按钮
    Open " E:\Data\Score1.dat" For Output As # 1
    Print # 1, " 090101" , "刘晓明" , 92
    Print # 1, " 090102" , "林利利" , 75
    Print # 1, " 090203" , "王中华" , 68
    Open " E:\Data\Score2.dat" For Output As # 2
    Write # 2, " 090101" ; "刘晓明" , 92
    Write # 2, " 090102" ; "林利利" , 75
    Write # 2, " 090203" , "王中华" , 68
    Close
End Sub
Private Sub Command2_Click()                '用 Line Input 读文件中数据
    Dim InputData As String
    Text1 = ""
    Open "E:\Data\Score1.dat" For Input As #1
    Do While Not EOF(1)
        Line Input #1, InputData
        Text1 = Text1 + InputData + vbCrLf
    Loop
    Close #1
End Sub
Private Sub Command3_Click()                '用 Input 读文件中数据
    Dim No, Name As String
    Dim Score As Integer
    Text2 = ""
    Open "E:\Data\Score2.dat" For Input As #1
    Do Until EOF(1)
        Input #1, No, Name, Score
        Text2 = Text2 + No & Space(2) + Name & Space(2) & Score + vbCrLf
    Loop
    Close #1
End Sub
```

（3）运行、测试并保存应用程序

运行程序，测试通过后保存应用程序。

例 12.2 随机文件的应用。编写程序，将参加计算机等级考试的学生上机和笔试成绩登记到名为"考试成绩"的文件中。

要求：运行程序进入主界面（见图 12-2），单击"录入数据"按钮，进入录入数据界面（见图 12-3），再选择驱动器、目录、文件或输入文件名以确定数据将保存在什么地方、哪个文件中，然后单击"开始录入"按钮；继续录入则单击"下一条"按钮。

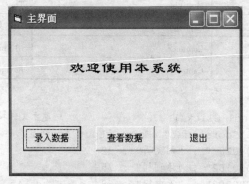

图 12-2 例 12.2 主界面

在主界面中单击"查看数据"按钮，进入查看数据界面（见图 12-4），然后选择驱动器、目录和文件以确定要查看的文件，单击"查看"按钮即可查看文件的具体内容。

操作步骤：

主界面、录入数据、查看数据 3 个窗体对应的名称分别是：Form1、Form2 和 Form3。

（1）添加标准模块（在其中定义记录类型和记录变量）

```
Public Type ScoreType
    ID As String * 10            ' ID用于存放考生号码
    paperscore As Integer * 5    ' paperscore用于存放笔试成绩
    shangjiscore As String * 5   ' shangjiscore用于存放上机成绩
End Type
Public score As ScoreType
```

（2）Form1

① Form1 界面，如图 12-2 所示。

② Form1 窗体对应的代码如下：

```
Private Sub Command1_Click()        ' "录入数据"按钮
    Form2.Show
    Form3.Hide
End Sub
Private Sub Command2_Click()        ' "查看数据"按钮
    Form3.Show
    Form2.Hide
End Sub
Private Sub Command3_Click()        ' "退出"按钮
    End
End Sub
```

（3）Form2

① Form2 界面。Form2 窗体上有如下控件：4 个文本框 Text1、Text2、Text3、Text4，分别对应考生号码、笔试成绩、上机成绩、存放数据的文件名；驱动器列表框 Drive1、目录列表框 Dir1、文件列表框 File1；4 个命令按钮 Command1、Command2、Command3、Command4，分别对应开始录入、重新录入、下一条、退出录入，如图 12-3 所示。

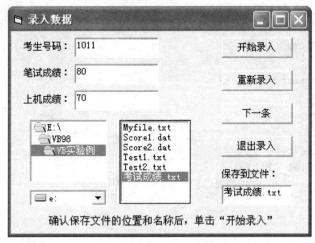

图 12-3　例 12.2 录入数据界面

② Form2 窗体对应的代码如下：

```
Private Sub Form_Load()
    Text1.Enabled = False
    Text2.Enabled = False
    Text3.Enabled = False
    Command2.Enabled = False
    Command3.Enabled = False
End Sub
Private Sub Command1_Click()                    ' 开始录入
    Text1.Text = ""
    Text2.Text = ""
    Text3.Text = ""
    Text1.Enabled = True
    Text2.Enabled = True
    Text3.Enabled = True
    Text1.Enabled = True
    Command2.Enabled = True
    Command3.Enabled = True
    Open Dir1.Path + "\" + Text4.Text For Random As #1  ' 以随机方式打开数据文件
    Text1.SetFocus
End Sub
Private Sub Command2_Click()                    ' 重新录入
    Text1.Text = ""
    Text2.Text = ""
    Text3.Text = ""
    Text1.SetFocus
End Sub
```

```
Private Sub Command3_Click()                    ' 下一条
    score.ID = Text1.Text                       ' 将输入数据赋值给记录变量
    score.paperscore = Text2.Text
    score.shangjiscore = Text3.Text
    Put #1, , score                             ' 添加记录
    Text1.Text = ""
    Text2.Text = ""
    Text3.Text = ""
    Text1.SetFocus
End Sub
Private Sub Command4_Click()                    ' 退出录入
    Close #1
    Form1.Show                                  ' 显示 Form1
    Unload Form2                                ' 卸载 Form2
End Sub
Private Sub File1_Click()
    Text4.Text = File1.FileName
End Sub
Private Sub Dir1_Change()
    File1.Path = Dir1.Path
End Sub
Private Sub Drive1_Change()
    Dir1.Path = Drive1.Drive
End Sub
```

（4）Form3

① Form3 界面。文本框 Text1 显示数据，命令按钮 Command1、Command2 分别对应查看和退出，如图 12-4 所示。

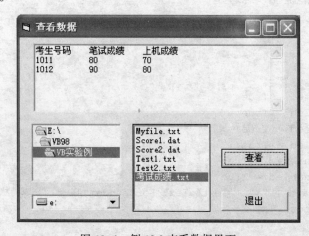

图 12-4　例 12.2 查看数据界面

② Form3 窗体对应的代码如下：

```
Private Sub Command1_Click()
    Dim a As String, b As String, c As String
    Text1.Text = "考生号码    笔试成绩    上机成绩"
```

```
    ' 以随机方式打开指定文件
    Open Dir1.Path + "\" + File1.FileName For Random As #1
    Do While Not EOF(1)
        Get #1, , score                          ' 读取记录
        a = score.ID
        b = score.paperscore
        c = score.shangjiscore
      ' 显示记录数据
        Text1.Text = Text1.Text & vbCrLf & a & " " & b & " " & c
    Loop
    Close #1
End Sub
Private Sub Command2_Click()
    Form1.Show                                   ' 显示 Form1
    Unload Form3                                 ' 卸载 Form3
End Sub
Private Sub Dir1_Change()
    File1.Path = Dir1.Path
End Sub
Private Sub Drive1_Change()
    Dir1.Path = Drive1.Drive
End Sub
```

（5）运行、测试并保存应用程序

运行程序，测试通过后保存应用程序。

例 12.3 包含了非文本字符的文件在一般的文本编辑器中不能正常显示文件内容，使用二进制文件编辑器就能对任何文件进行显示和编辑。下面来设计一个小巧的二进制文件浏览器。

操作步骤：

（1）界面设计

设计界面如图 12-5 所示，窗体上有如下控件：2 个文本框 Text1、Text2，1 个水平滚动条 Hscroll1、3 个标签、1 个公共对话框 CommandDialog 和 1 个命令按钮。各控件属性值如表 12-2 所示。

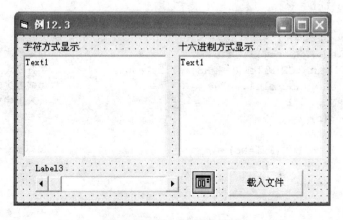

图 12-5 例 12.3 设计界面

表 12-2 例 12.3 控件属性列表

控件名称	属性	属性值
Text1	MultiLine	True
	ScrollBars	2
Text2	MultiLine	True
	ScrollBars	2
Hscroll1	LargeChange	32
	Min	1
Label1	Caption	字符方式显示
Label 2	Caption	二进制方式显示
Label 3	Caption	

（2）代码设计

```
Option Explicit
Dim FileNo As Long
Private Sub Form_Load()
    Label3.Caption = "起点位置: " & HScroll1.Value
End Sub
Private Sub Command1_Click()                            '载入文件
    FileNo = FreeFile
    CommonDialog1.InitDir = "E:\data"                   '指定要打开的文件位置
    CommonDialog1.ShowOpen        '启动"打开"对话框，由用户选择要打开的文件
    Open CommonDialog1.FileName For Binary As FileNo' 以二进制方式打开文件
    HScroll1.Max = LOF(FileNo)
    display
End Sub
Private Sub HScroll1_Change()                           '改变读文件起点位置
    Label3.Caption = "起点位置: " & HScroll1.Value
    display
End Sub
Private Sub display()
    Dim i As Long
    Dim b As Byte
    Dim s As String
    Seek FileNo, HScroll1.Value                         '指定读文件的位置
    Text1 = Input(LOF(FileNo) - HScroll1.Value, FileNo)'字符方式直接显示
    Seek FileNo, HScroll1.Value                         '返回指定读文件的位置
    Get FileNo, , b                                     '读入1字节到变量b中
    s = n2str(b)                                        '当前字节十六进制码
    s = s & " "
    For i = 1 To LOF(FileNo)                            '循环至文件尾
        Get FileNo, , b
        s = s & n2str(b) & " "
    Next i
    Text2 = s                                           '十六进制码显示
End Sub
'将字节转换为十六进制数形式的字符串
```

```
Function n2str(ByVal a As Byte) As String
    Dim s As String
    Dim m As Long
    Dim i As Long
    For i = 1 To 2
        m = a Mod 16
        a = a \ 16
        If m <= 9 Then
            s = s & Chr(Asc("0") + m)
        Else
            s = s & Chr(Asc("A") + m - 10)
        End If
    Next i
    n2str = StrReverse(s)
End Function
```

(3)运行、测试并保存应用程序

运行程序，测试通过后保存应用程序，运行效果如图 12-6 所示。

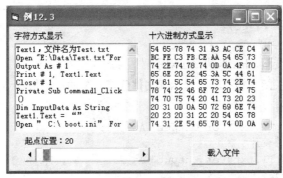

图 12-6　例 12.3 运行效果

实验习题：

1. 输入某班学生通信录，内含：学号、姓名、性别、电话。输入数据用文本框控件，并存入顺序文件 file1.txt 中。要求设计的用户界面如图 12-7 所示。

2. 读出习题 1 建立的文件 file1.txt 中的数据，分别统计出男生和女生的人数。要求设计的用户界面如图 12-8 所示。

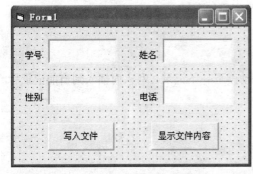

图 12-7　实验习题 1 的设计界面

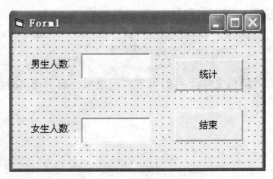

图 12-8　实验习题 2 的设计界面

3. 编写一个随机文件程序。要求：
① 建立一个具有 5 个学生的学号、姓名和成绩的随机文件 Random1.dat。
② 读出 Random1.dat 文件中的内容，然后按成绩排序，并按顺序写入另一个随机文件 Random2.dat。
③ 再一次读出文件中的内容，按文件中的排序将学生的信息显示在屏幕上，检查正确性。
4. 利用二进制文件的访问方式复制一个文件，程序界面由自己设计。

常见错误：

（1）因文件名而导致文件打开失败

Open 语句中的文件名可以是字符串常量也可以是字符变量，若使用者概念不清，会导致打开失败并显示出错信息。

例如，若要从磁盘上读出文件名为 "E:\My\T1.txt" 中的数据，则应使用下列语句：
```
Open"E:\MyFile\T1.txt"For Input As # 1
```
错误的书写形式是文件名两边缺少双引号。或
```
Dim Char As String
Char ="E:\MyFile\T1.txt"
Open Char For Input As # 1
```
错误的书写方式是变量 Char 两边多了双引号。

（2）顺序文件没有关闭又被打开，显示"文件已打开"的出错信息

例如，下列程序段存在错误：
```
Open"E:\MyFile\T1.txt"For Output As # 1
Print # 1 "VB程序设计"
Open"E:\MyFile\T1.txt"For Output As # 2
Print # 1 "C程序设计"
```
当执行到第二个 Open 语句时会显示"文件已打开"的出错信息。

（3）随机文件的记录类型不定长，引起不能正常存取

随机文件是按记录为单位存取，而且每条记录长度必须固定，一般利用 Type 定义记录类型。当记录中的某个成员为 String 时，必须指定其长度，否则会影响对文件的存取。

（4）如何读出随机文件中的所有记录

一般来说，随机文件按记录号读取，当需要读出全部记录时，则可以使用读顺序文件相似的方式，采用循环结构加无记录号的 Get 语句即可，程序段如下：
```
Do While Not EOF(1)
    Get # 1 , ,记录变量
Loop
```
随机文件读/写时可不写记录号，表示读出时自动读下一条记录，写入时插入到当前记录后。

实验十三　图形与多媒体应用

实验目的：
- 了解 VB 的坐标系统，掌握坐标系的定义方法。
- 掌握坐标系内动态点的坐标计算方法。
- 掌握图形控件的使用方法。
- 掌握利用图形方法在窗体或 PictureBox 中进行几何图形的绘制。
- 了解多媒体技术在 VB 中的应用方法。
- 掌握使用 MCI 控件编写 VB 多媒体应用程序的方法。
- 掌握使用 OLE 技术编写 VB 多媒体应用程序的方法。

知识要点：

1. 坐标系

构成一个坐标系，需要 3 个要素：坐标原点、坐标度量单位、坐标轴的长度与方向。坐标度量单位由容器对象的 ScaleMode 属性决定（有 8 种形式）。默认的坐标原点(0,0)为对象的左上角，横向向右为 x 轴的正向，纵向向下为 y 轴的正向。

设置坐标系常用 Scale 方法，其语法格式如下：

[对象．] Scale [(左上角坐标) - (右下角坐标)]

VB 根据给定的坐标参数计算出 ScaleLeft、ScaleTop、ScaleWidth 和 ScaleHeight 的值。当 Scale 方法不带参数时，则取消用户自定义的坐标系，而采用默认坐标系。

2. 图形层

VB 在构造图形时，提供了 3 个不同的屏幕层次放置图形的可视组成部分。最上层放置工具箱中除标签、线条、形状外的控件对象，由图形方法所绘制的图形在最下层。同一图形层内控件对象排列顺序可使用 Zorder [Position]方法。

3. 绘图属性

绘图属性的功能如表 13-1 所示。

表 13-1　绘图属性功能

绘 图 属 性	说　　明
AutoRedraw、ClipControls	显示处理
CurrentX、CurrentY	当前绘图位置

续表

绘图属性	说明
DrawMode、DrawStyle、DrawWidth	绘图模式、风格、线宽
FillStyle、FillColor	填充的图案、色彩
ForeColor、BackColor	前景、背景颜色

4. 图形控件

图形控件如表 13-2 所示。

表 13-2 图形控件

控件名	说明
PictureBox（图形框）	Autosize属性能调整图形框大小与显示的图片匹配，可作为容器
Image（图像工具）	Stretch属性可调整加载的图形尺寸，以适应图像框的大小
Line（画线工具）	由x1、y1和x2、y2属性决定直线位置
Shape（形状）	有6种几何形状，由Shape属性确定所需的形状

VB 提供的图形框和图像框的 Picture 属性可以显示位图、图标、图元文件中的图形，也可处理.gif 和.jpeg 格式的图形文件。

运行时将图形添加到 Picture 属性的方法如下：

① 使用 LoadPicture()函数将图形装入到 Picture 属性：LoadPicture("图形文件名")。

② 对象的 Picture 属性的复制：对象1.Picture = 对象2.Picture

③ 将剪贴板内的图形复制到图形框或图像框：

对象1.Picture = Clipboard.GetData()

运行时删除 Picture 属性内的图形：LoadPicture()

把 Picture 属性内的图形保存到磁盘文件内：SavePicture 对象名.属性,文件名

5. 图形方法

绘图方法的功能如表 13-3 所示。

表 13-3 绘图方法的功能

方法	说明	语法格式
Cls	消除	对象.Cls
PSet	用于画点	Pset [Step](x, y) [, 颜色]
Line	画直线或矩形	Line [[Step] (x1, y1)] － (x2, y2) [, 颜色][, B [F]]
Circle	画圆、圆弧和扇形	Circle [[Step] (x, y), 半径[,颜色][,起始角][,终止角][,长短轴比率]]
Point	返回指定点的颜色	Point (x, y)

6. MMControl 控件

在 VB 的标准控件中没有列出该控件，需要添加：选择"工程"→"部件"命令，弹出"部件"对话框，选择"控件"选项卡，选择"Microsoft Multimedia Control 6.0"控件，单击"确定"按钮，就在工具箱中添加了 MMControl 控件，将该控件放到窗体中。

每个 MMControl 控件具有一组执行 MCI 命令的下压式按钮。控件上的按钮被分别定义为上一个曲目（Prev）、下一个曲目（Next）、播放（Play）、暂停（Pause）、向后（Back）、向前（Step）、停止（Stop）、录音（Record）和清除曲目（Eject）。可以使用 MMControl 控件的按钮，也可以不用。9 个按钮都有各自的 Visible 和 Enabled 属性，可使单个按钮可见或不可见。例如 Back 按钮有 BackVisible 和 BackEnabled 属性，如果不想使用此按钮，可将 BackVisible 和 BackEnabled 属性均设置为 False。通过开发按钮的事件代码，可以增加甚至完全重新定义按钮的功能。MCI 控件属性如表 13-4 所示。

表 13-4 MCI 控件属性

属性名	作用
AutoEnable	决定Multimedia MCI控件是否能够自动启动或关闭控件中的某个按钮。设置为True时，Multimedia MCI控件就启用指定MCI设备类型在当前模式下所支持的全部按钮
ButtonEnabled	决定是否启用或禁用控件中的某个按钮，禁用后的按钮将淡化的形式显示
CanEject	决定打开的MCI设备能否将其媒体弹出。在设计时，该属性不可用，在运行时为只读
CanPlay	决定打开的MCI设备能否进行播放。在设计时，该属性不可用，在运行时为只读
CanRecord	决定打开的MCI设备能否进行记录。在设计时，该属性不可用，在运行时为只读
Command	指定将要执行的MCI命令。在设计时，该属性不可用
DeviceID	指定要打开的MCI设备的设备ID。在设计时，该属性不可用，在运行时为只读
DeviceType	指定要打开的MCI设备的类型
FileName	指定Open命令将要打开的或者Save命令将要保存的文件。如果在运行时要改变FileName属性，就必须先关闭然后再重新打开Multimedia MCI控件
Frames	规定Step命令能够前向单步或Back命令能够后向单步的帧数。在设计时，该属性不可用
From	为Play或Record命令规定起始点。在设计时，该属性不可用
Length	规定打开的MCI设备上的媒体长度。在设计时，该属性不可用，在运行时为只读
Mode	返回当前打开的MCI设备的当前模式。在设计时，该属性不可用，在运行时为只读
Start	指定当前媒体的起始位置。在设计时，该属性不可用，在运行时为只读
Position	指定打开的MCI设备的当前位置。在设计时，该属性不可用，在运行时为只读
RecordMode	为支持记录的MCI设备指定当前记录模式是插入还是改写
TimeFormat	规定用来报告所有位置信息的时间格式
To	规定Play或Record命令的结束点。在设计时，该属性不可用
Track	规定关于TrackLength和TrackPosition属性返回信息的轨道。在设计时，该属性不可用
TrackLength	规定Track属性给出的轨道的长度。在设计时，该属性不可用，在运行时为只读
TrackPosition	规定Track属性给出的轨道的起始位置。在设计时，该属性不可用，在运行时为只读
Tracks	规定当前MCI设备上可用的轨道个数。在设计时，该属性不可用，在运行时为只读
UsesWindows	决定当前MCI设备上是否用一个窗口来显示输出。在设计时，该属性不可用，在运行时为只读

Multimedia MCI 控件使用一套高层次、与设备无关的命令，被称为媒体控制接口命令，可控制多种多媒体设备，如表 13-5 所示。其中的许多命令直接与 Multimedia MCI 控件的按钮对应。

表 13-5　MCI 控件命令

MCI命令	Win32命令	作用
MCI_OPEN	Open	打开MCI设备
MCI_CLOSE	Close	关闭MCI设备
MCI_PLAY	Play	用MCI设备进行播放
MCI_PAUSE或MCI_RESUME	Pause	暂停播放或录制
MCI_STOP	Stop	停止MCI设备
MCI_STEP	Back	向后步进可用的曲目
MCI_STEP	Step	向前步进可用的曲目
MCI_SEEK	Prev	跳到当前曲目的起始位置
MCI_SEEK	Seek	向前或向后查找曲目
MCI_RECORD	Record	录制MCI设备的输入
MCI_SET	Eject	从CD驱动器中弹出音频CD
MCI_SAVE	Save	保存打开的文件

7．API 函数

开发复杂的多媒体应用程序时，需要使用到高级的 MCI 命令，如用 sysinfo 命令得到设备的安装名称。这时，使用 Windows 中的 Winmm.dll 动态链接程序提供的 100 多个处理多媒体的 API 函数来查询和控制 MCI 设备就会得心应手。适合 VB 使用的 API 函数主要有 mciExecute()、mciSendCommand()、mciSendString()和 mciGetErrorString()等。

API 函数包含在 Windows 系统目录下的动态链接库文件中，调用时先在程序的第一行声明要调用的函数或过程，在窗体的通用声明部分或在模块文件（.bas）中声明。

由于 API 函数的声明书写比较复杂，VB 提供了"API 文本浏览器"供用户使用。

8．OLE 技术

OLE 技术是一种信息共享和交换方式，将一个包含 OLE 功能的程序链接或嵌入到其他基于 OLE 的 Windows 应用程序中。在 VB 中提供了 OLE 控件，将其他多媒体对象添加到 VB 应用程序的窗体中，可以显示和编辑其他 Windows 应用程序中的数据。

VB 标准工具箱中有一个 OLE 控件，将它放在程序的窗口上后会弹出一个窗口，该窗口列出了所有可以链接或嵌入到 OLE 控件中的对象，其中就包括了如声音、MIDI 音乐、视频等各种多媒体格式，此时可选择"新建"或"由文件创建"将多媒体文件作为对象嵌入到 OLE 控件中来，然后在相应的代码部分添加 OLE1.verb=0（verb 取不同的值 OLE 控件将采取不同的动作）来直接实现多媒体的播放。这样程序经过编译运行后就会调用与嵌入或链接对象所对应的多媒体播放器播放该对象。虽然上述方法实现起来十分简单，但因为该方法要调用另外的程序，破坏了应用程序和谐统一的界面效果，而且它的运行速度相对较慢。

实验示例：

例 13.1　用 PSet 方法在窗体画五彩碎纸，运行结果如图 13-1 所示。

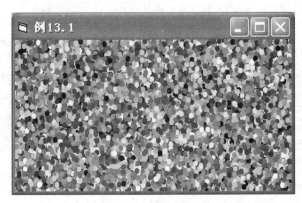

图 13-1　例 13.1 运行界面

程序代码如下：

```
Private Sub Form_Click()
    Dim Cx, Cy, Msg, Xpos, Ypos
    ScaleMode = 3                               '设置 ScaleMode 为像素
    DrawWidth = 5
    ForeColor = QBColor(4)                      '设置前景为红色
    FontSize = 24                               '设置点的大小
    Cx = ScaleWidth / 2                         '得到水平中点
    Cy = ScaleHeight / 2                        '得到垂直中点
    Cls
    Msg = "Happy New Year!"
    CurrentX = Cx - TextWidth(Msg) / 2          '水平位置
    CurrentY = Cy - TextHeight(Msg)             '垂直位置
    Print Msg
    Do
        Xpos = Rnd * ScaleWidth                 '得到水平位置
        Ypos = Rnd * ScaleHeight                '得到垂直位置
        PSet (Xpos, Ypos), QBColor(Rnd * 15)    '画五彩碎纸
        DoEvents
    Loop
End Sub
```

例 13.2　用 Line 方法在窗体上绘制艺术图案。构造图案的算法为：把一个半径为 r 的圆周等分为 n 份，然后用直线将这些点两两相连，如图 13-2 所示。

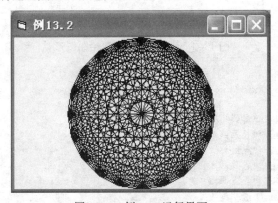

图 13-2　例 13.2 运行界面

分析：

① 在圆心为(0,0)、半径为 r 的圆周上的第 i 个等分点坐标为 $xi = r\cos(i\alpha)$，$yi = r\sin(i\alpha)$。其中 α 为等分角。如果圆心为(x0,y0)则 xi、yi 分别平移 x0、y0，即 $xi = r\cos(i\alpha) + x0$，$yi = r\sin(i\alpha) + y0$。

② 点(xi,yi)到圆周上的点(xj,yj)的连线为：Line (xi,yi) – (xj,yj)。要使圆周上所有的等分点两两相连，当选定(xi, yi)点后，只需将该点与它后面的各点相连即可，否则可能遗漏两点之间的连线。用循环控制改变 j 的值，可画出点(xi, yi)到圆周上其他点(xj,yj)的连线。再用一个外循环改变 i 的值，就可将圆周上的等分点两两相连。

程序代码如下：

```
Private Sub Form_Click()
    Dim r, xi, yi, xj, yj, x0, y0, aif As Single
    r = Form1.ScaleHeight / 2              '圆的半径
    x0 = Form1.ScaleWidth / 2              '圆心
    y0 = Form1.ScaleHeight / 2
    n = 20                                  '等分圆周为n份
    aif = 3.14159 * 2 / n                   '等分角
    For i = 1 To n - 1                      '选择(xi,yi)点
        xi = r * Cos(i * alf) + x0
        yi = r * Sin(i * alf) + y0
        For j = i + 1 To n                  '选择(xj,yj)点
            xj = r * Cos(j * alf) + x0
            yj = r * Sin(j * alf) + y0
            Line (xi, yi) - (xj, yj)        '等分点连线
        Next j
    Next i
End Sub
```

例 13.3 使用 Circle 方法在 PictureBox 内绘制圆、椭圆、弧和扇形，运行结果如图 13-3 所示。

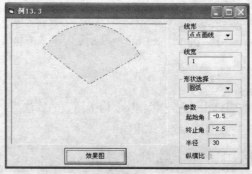

图 13-3　使用 Circle 方法绘制图形

程序代码如下：

```
Private Sub Form_Load()
    '添加线形
    Combo1.AddItem "实线"
    Combo1.AddItem "长画线"
    Combo1.AddItem "点线"
    Combo1.AddItem "点画线"
    Combo1.AddItem "点点画线"
    Combo1.AddItem "透明线"
    Combo1.AddItem "内实线"
```

```
    ' 添加形状类型
    Combo2.AddItem "圆"
    Combo2.AddItem "椭圆"
    Combo2.AddItem "圆弧"
    Combo2.AddItem "椭圆弧"
End Sub
' 根据选择的形状类型决定参数的设置
Private Sub Combo2_Click()
    If Combo2.ListIndex = 0 Or Combo2.ListIndex = 2 Then
        Text5 = 1
        Text5.Enabled = False        ' 选择圆或圆弧时，默认纵横比设为1，并且不能更改
    Else
        Text5.Enabled = True         ' 选择椭圆或椭圆弧时，纵横比可以更改
    End If
End Sub
' 命令按钮的单击事件代码
Private Sub Command1_Click()
    Dim r As Single                  ' 用于存储半径
    Dim b As Single                  ' 用于存储纵横比
    ' 对 Picture1 的属性进行初始化
    Picture1.AutoSize = True
    Picture1.ScaleMode = 0
    Picture1.ScaleMode = 3           ' 选择以像素为单位
    Picture1.ForeColor = RGB(255, 0, 0)   ' 前景色为红色
    Picture1.DrawWidth = Int(Val(Text1))  ' 线宽通过文本框输入
    Picture1.DrawStyle = Combo1.ListIndex ' 线形通过组合框选择
    Picture1.FillStyle = 0           ' 填充模式为固定
    Picture1.FillColor = RGB(255, 255, 0) ' 填充颜色为黄色
    ' 根据不同形状类型选择绘制图形
    Select Case Combo2.ListIndex
        Case 0, 1
            Picture1.Cls
            r = Val(Text4)
            b = Val(Text5)
            Picture1.Scale (-r - 10, b * (r + 40))-(r + 10, -b * (r + 40))
            Picture1.PSet (0, 0)
            Picture1.Circle (0, 0), r, , , , b         ' 绘制圆或椭圆
        Case 2, 3
            Picture1.Cls
            r = Val(Text4)
            b = Val(Text5)
            c = Val(Text2)
            d = Val(Text3)
            Picture1.Scale (-r - 10, b * (r + 40))-(r + 10, -b * (r + 40))
            Picture1.Circle (0, 0), r, , c, d, b  ' 绘制圆弧或椭圆弧对应的扇形
        Case Else
            Picture1.Cls
    End Select
End Sub
```

例 13.4 利用 Multimedia MCI 控件的多媒体功能制作一个简单的视频播放器。当单击"打开"按钮后，从"打开文件"对话框中选择要播放的文件，然后利用 Multimedia MCI 控件进行播放。

（1）界面设计

在 Form1 窗体上添加 1 个 Multimedia MCI 控件 MMControl1，1 个 Slider 控件 Slider1，1 个 Toolbar 控件 Toolbar1，1 个 CommonDialog 控件 CommonDialog1 和 1 个 Picture 控件 Picture1。

（2）编写代码

```
' 编写 Form_Load 事件代码
Private Sub Form_Load()
  With MMControl1
    .hWndDisplay = Picture1.hWnd    ' 将 Picture1 设置为视频回放的界面
    .Notify = True      ' 将 Notify 属性设置为 True，以便在 Done 事件中处理错误信息
    .Wait = False       ' 将 Wait 属性设置为 False，采用非阻塞方式传递 MCI 命令
  End With
End Sub

' 编写 MMControl1_Done 事件代码
' 在 MMControl1_Done 事件中显示错误信息，必要时也可以加入其他代码
Private Sub MMControl1_Done(NotifyCode As Integer)
  With MMControl1
    If .Error <> 0 Then
      MsgBox "Error #" & Error & "" & .ErrorMessage
    End If
  End With
End Sub

' 编写 Form_Resize 事件代码。
' 由于并不是所有的媒体都需要 Picture1 控件来显示，故在适当的时候应将 Picture1 控件隐藏
Private Sub Form_Resize()
    ' 根据 UsesWindows 属性判断是否需要视频回放窗体
  If MMControl1.UsesWindows And MMControl1.DeviceID <> 0 Then
      ' 显示 Picture1 控件
      Form1.Height = Form1.Height - Form1.ScaleHeight + Picture1.Top + Picture1.
      Height + 1000
  Else
      ' 不显示 Picture1 控件
      Form1.Height = Form1.Height - Form1.ScaleHeight + Picture1.Top

  End If
End Sub

' 编写 Toolbar1_ButtonClick 事件代码
Private Sub Toolbar1_ButtonClick(ByVal Button As MSComctlLib.Button)
  On Error Resume Next
  Select Case Button.Key
    Case "TOpen"                                     ' 单击"打开"按钮
      With CommonDialog1
        .CancelError = True
        .ShowOpen                                    ' 显示文件对话框
        If .FileName <> "" Then
          MMControl1.FileName = .FileName
```

```
                MMControl1.Command = "Open"
                Slider1.Max = MMControl1.Length
                Slider1.SmallChange = 1
                Slider1.LargeChange = Slider1.Max / 5
            End If
              Form_Resize
            End With
        Case "TClose"                                    ' 单击"关闭"按钮
            If MMControl1.Mode = mciModeNotOpen Then     ' 当设备没有打开时
                MMControl1.Command = "stop"
                MMControl1.Command = "close"
                Form_Resize
            End If
    End Select
End Sub
```

' 编写 MMControl1_StatusUpdate 事件代码。在 MMControl1_StatusUpdate 事件过程中，设置 Slider1 控件的滑杆位置

```
Private Sub MMControl1_StatusUpdate()
    With MMControl1
        If .DeviceID <> 0 Then
            If Slider1.Value <> .Position Then Slider1.Value = .Position
        End If
    End With
End Sub
```

' 编写 Form_Unload 代码。在关闭 MCI 设备前，必须显式地使用 stop 停止 MCI 设备

```
Private Sub Form_Unload(Cancel As Integer)
    Form1.MMControl1.Command = "stop"
    Form1.MMControl1.Command = "close"
End Sub
```

程序运行结果如图 13-4 所示。

图 13-4　运行实例

例 13.5 设计 MP3 播放器，运行结果如图 13-5 所示。控件的属性设置如表 13-6 所示。

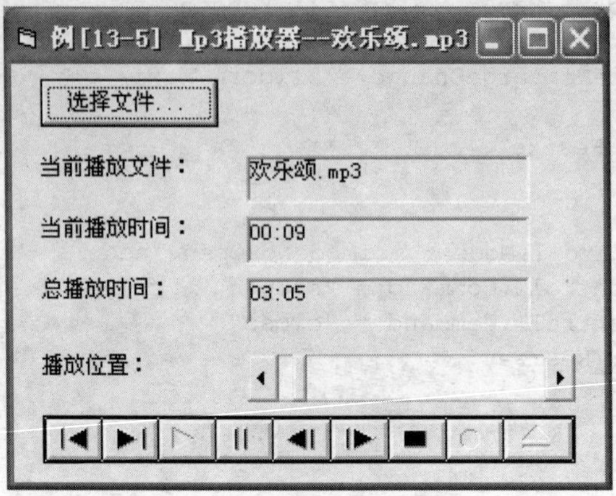

图 13-5 MP3 播放器运行实例

表 13-6 窗体及控件的属性设置

对　　象	Name	Caption
窗体		
命令按钮		选择文件…
标签 1、标签 3、标签 5、标签 7		分别为"当前播放文件""当前播放时间""总播放时间""播放位置"
标签 2、标签 4、标签 6		清空
滚动条	HS1	
通用对话框	CD1	
MMControl	MC1	

程序代码如下：

```
Function sj(ms As Long) As String
    Dim sec As Integer, min As Integer
    sec = ms/1000
    min = sec\60
    sec = sec Mod 60
    sj = Format(min, "00") & ": " & Format(sec, "00")
End Function

Private Sub Command1_Click()
    CD1.Filter = "MP3 歌曲文件|*.mp3"
    CD1.ShowOpen
    MC1.Command = "close"
    MC1.DeviceType = "mpegvideo"
    MC1.TimeFormat = mciFormatMilliseconds
    MC1.FileName = CD1.FileName
    MC1.Command = "open"
    HS1.min = 0
    HS1.Max = MC1.Length / 1000
    HS1.LargeChange = 10
    HS1.SmallChange = 2
```

```
    Label2.Caption = CD1.FileTitle
    Form1.Caption = "例[13-5] Mp3 播放器——" & Label2.Caption
    Label6.Caption = sj(MC1.Length)
    MC1.UpdateInterval = 100
    MC1.Command = "Play"
End Sub

Private Sub Form_Unload(Cancel As Integer)
    MC1.Command = "close"
End Sub
Private Sub MC1_StatusUpdate()
    HS1.Value = MC1.Position / 1000
    Label4.Caption = sj(MC1.Position)
End Sub
```

实验习题：

1. 编写一个循环程序，用 Line 方法在屏幕上随机产生 20 条长度、颜色、宽度各异的直线段，如图 13-6 所示。

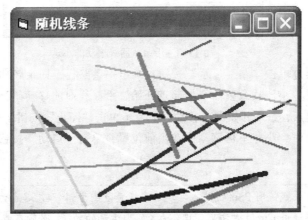

图 13-6　随机直线

2. 利用 Line 方法和 PSet 方法完成菜单中的画折线图和散点图，如图 13-7 所示。

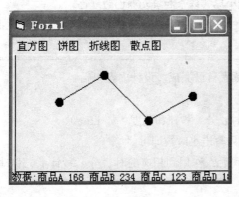 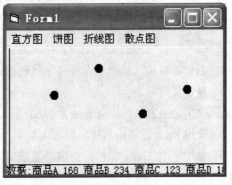

（a）折线图　　　　　　　　　　　　　（b）散点图

图 13-7　折线图和散点图

提示

① 折线图直接用 Line 语句连接两点来绘制,点的 x 坐标按等长改变,y 坐标取值于绘图数据,在折线图中为了能标记出数据点,可通过 DrawWidth 属性改变线宽,再执行绘图语句。

② 散点图用 Pset 语句绘制,点的 x 坐标按等长改变,y 坐标取值于绘图数据,点的大小由 DrawWidth 属性确定。如果要画出彩色点,可在 Pset 语句上加上颜色参数。

3. 制作沿余弦曲线滚动的小球,界面及运行结果如图 13-8 所示。

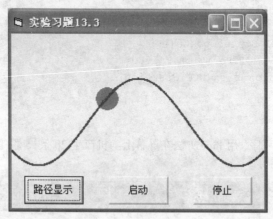

图 13-8 沿余弦曲线滚动的小球

主要功能:通过单击"路径显示"按钮,画出一条路径,即余弦曲线,颜色为蓝色。单击"启动"按钮时,小球从余弦曲线的起点开始,沿曲线向前移动,当小球移动到曲线末端时,让其返回到起点,重新开始向前移动,只要不单击"停止"按钮,就会重复前面的过程。单击"停止"按钮时,小球不再移动停在当前位置,单击"启动"按钮时,小球从当前位置又开始移动。

提示

① 绘制余弦曲线使用 PSet 方法来实现,自变量范围为-4~4,起点为(-4,cos(-4))。

② 绘制小球通过 Circle 方法来实现,为了实现运动的功能,必须在以当前点为圆心绘制小球的同时,把前一个点为圆心的小球"隐藏"起来,即绘制时的"填充颜色"和"线条颜色"均为"窗体背景颜色",而以当前点为圆心的小球其线条和填充颜色为红色。

③ 由 Timer 控件控制小球的移动,单击"启动"按钮时,Timer 定时器开始有效;单击"停止"按钮时,使定时器无效。

4. 制作小时钟。界面和设计程序代码请读者自己完成。设计内容包括:
① 自定义坐标系。
② 使用绘图方法画出表盘(如 Circle)、时、分、秒针和刻度(如 Line)。
③ 使用 Print 方法输出对应的刻度文字,只写出小时数即可。
④ 添加一个 Timer 控件控制取得系统时间后,作用到相应的时、分、秒针上,移动表针的位置。

5. 使用 Shockwave Flash 控件制作一个能从本地硬盘中选择 SWF 动画文件进行播放的程序,具有打开、播放、暂停、停止、退出等功能。

常见错误:

(1) Form_Load 事件内无法绘制图形

用绘图方法在窗体上绘制图形时,如果将绘制过程放在 Form_Load 事件内,由于窗体装入内存有一个时间过程,在该时间段内同步地执行了绘图命令,所以所绘制的图形无法在窗体上显示。有两种方法可解决此问题:

方法一:将绘图程序代码放在其他事件内。通常在 Paint 事件中完成绘图,当对象在显示、位移、改变大小和使用 Refresh 方法时,都会发生 Paint 事件。

方法二:将窗体的 AutoRedraw 属性设置为 True,窗体上任何以图形方式显示的图形对象都将在内存中建立一个备份,当窗体的 Form_Load 事件完成后,窗体将产生重画过程,从备份中调出图形。AutoRedraw 属性设置为 True 时,Paint 事件将不起作用。与方法一相比,方法二将占用更多的内存。

(2) VB 坐标系中旋转正向

在 VB 坐标系中,逆时针方向为正,各绘图方法都参照此坐标系。计算对象的坐标点时务必要注意这一点。

(3) 如何清除已绘制的线条

Line 控件在窗体上移动时,原位置上不会留下图形痕迹。如果用 Line 方法来代替 Line 控件,则每次在新位置上画直线前,需要清除原来位置上的线条。清除原来位置上的线条,可将 DrawMode 属性设置为 Xor 模式,在原位置上重画一次直线,即可清除原来的线条。也可用背景色重画一次达到清除的目的。

(4) 使用图形方法绘制图形,达不到预想的结果

使用图形方法绘制图形,常会发生绘制的图形与预想的不同。例如,程序语句:

```
Private Sub Command1 Click()
    Scale ( -1000, 1000) - (1000, -1000)
    Line ( -1000, 0) - (1000, 0)
    Line (0, 1000) - (0, -1000)
    Line (100, 100) - (500, 500), , B
    Circle (300, -300), 200
End Sub
```

按代码所描述的功能,应该在坐标系的第一象限绘制一个正方形,第四象限内绘制一个圆形。但程序运行后得到的却是矩形,圆形越出了第四象限的范围,如图 13-9 所示。

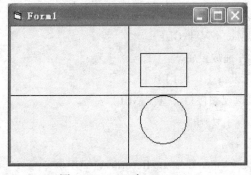

图 13-9 Line 和 Circle

造成图形失真的原因与坐标系有关。在 VB 对象的坐标系中,每个坐标轴都有自己的刻度测量单位。当用[对象.]Scale (xLeft,yTop) - (xRight,yBotton)定义了坐标系后,对象在 x 方向的坐标被分成 xRight - xLeft 等分,y 方向的坐标分成 yBotton - yTop 等分,并使 ScaleMode 属性为 0。

如果绘制的图形对象位置采用数对(x,y)的形式定位,则 x 与 y 的值按各自坐标轴上等分单位测量。虽然 Scale(- 1000,1000) - (1000,-1000)将窗体坐标系定义为正方形区域,X 轴与 Y 轴的等分数相同,但每个单位的实际大小可能不同(与窗体实际长宽有关),在屏幕上显示时将根据显示器的大小及分辨率的变化而变化(除非采用像素单位)。为了能得到正确的结果,设计时应考虑图形载体有效区域的长宽比。

当用 Circle 方法绘图时,圆心(x,y)按各自坐标轴的单位定位,而所绘图形轨迹的 y 值按 X 轴的单位来推算。当窗体的宽度大于窗体高度时,绘图时用 X 轴上的单位在 Y 轴上定位,就造成了如图 13-7 所示的结果。上例正确的设计方法是在拖放窗体大小时,将有效区域的长宽比设置为 1(缺省坐标系下 ScaleHeight 与 ScaleWidth 的比)。

(5)如何计算出已绘制的椭圆圆周上点的坐标

用 Circle 方法绘制椭圆时,涉及椭圆长短轴比,当比值为 1 时,画圆;如果长短轴比小于 1,半径参数指定在 X 轴;如果长短轴比大于 1,半径参数指定在 Y 轴。无论哪一种情况,都使用 X 轴的度量单位。

由本节的问题 4 可知在绘制椭圆时,椭圆圆周上的 y 值按 X 轴的单位来推算。而跟踪绘制椭圆轨迹,需要用(x,y)的形式定位,这时 y 值使用的是 Y 轴上的单位,这就需要进行单位换算。换算比与窗体或图形框的实际可用长宽比 b 及用户坐标系长宽比 b1 有关,需要用 b/b1 调整。

(6)MCI 设备编程

MCI 设备可分为如下两种类型:

① 简单设备:不需要提供数据文件,如 CD 音乐、DVD 机。

② 复合设备:需要提供数据文件,如 MIDI 音序器(.MID)、波形音频设备(.WAV)、影片播放器(.AVI/.MPG)。

每类 MCI 设备都有对应的命令集,但也有若干同类 MCI 驱动程序共用同一命令集,为了区分不同的驱动程序,MCI 引入设备名:(按字母序排列)

animation:动画播放设备。

cdaudio:CD 音乐播放设备。

dat:数字音频磁带机(Digital Audio Tape,DAT,数字录音带)。

digitalvideo:数字视频(不基于 GUI)。

mmmovie:多媒体影片播放设备。

other:未定义的 MCI 设备(扩展用)。

overlay:窗口中的模拟视频接口(基于 GUI)。

scanner:图像扫描仪。

sequencer:MIDI 音序器。

vcr:盒式磁带录像机(Video Cassette Recorder,VCR)。

videodisc:影碟机。

waveaudio：波形音频设备。

MCI 的命令很多，可以分为如下四类：

① 系统命令：直接由 MCI 系统解释和处理，不传送到 MCI 设备。如 break 或 MCI_BREAK。

② 通用命令：所有 MCI 设备都支持的命令。如 open 或 MCI_OPEN。

③ 可选命令：MCI 设备可选择使用的命令。如 play 或 MCI_PLAY。

④ 专用命令：为某类 MCI 设备[集]专有。如 list 或 MCI_LIST（DV/VCR）。

前三类中部分命令如表 13-7 所示。

表 13-7　部分 MCI 命令（字母序）

类型	消息	串	说明
系统	MCI_BREAK	break	为指定 MCI 设备设置终止键
	MCI_SOUND	sound	播放 Windows 指定的系统声音
	MCI_SYSINFO	sysinfo	返回有关 MCI 设备的信息
通用	MCI_CLOSE	close	关闭 MCI 设备
	MCI_GETDEVCAPS	getdevcaps	获得 MCI 设备的性能参数
	MCI_INFO	info	获得 MCI 设备的有关信息
	MCI_OPEN	open	打开（初始化）MCI 设备
	MCI_STATUS	status	返回 MCI 设备的状态信息
可选	MCI_LOAD	load	从文件中加载数据
	MCI_PAUSE	pause	暂停播放/记录
	MCI_PLAY	play	开始播放数据
	MCI_RECORD	record	开始记录数据
	MCI_RESUME	resume	重新开始播放/记录
	MCI_SAVE	save	保存数据到文件
	MCI_SEEK	seek	改变当前位置
	MCI_SET	set	改变控制设置
	MCI_STOP	stop	停止播放/记录
标志	MCI_WAIT	wait	MCI 命令执行完后才返回
	MCI_NOTIFY	notify	MCI 命令执行完后向应用程序发送 MM_MCINOTIFY 消息

（7）与 MCI 相关的 API 函数

① mciSendString 函数：传送指令字符串给 MCI。

② mciGetErrorString：将 MCI 错误代码转换为字符串。

③ sndPlaySound 函数：播放音频文件。

④ WaveOutSetVolume 函数：调节音量。

（8）嵌入和链接

嵌入的文件直接存储在 VB 的应用程序中，即使在嵌入以后源文件发生变化，已嵌入的文件也不再改变，但由于将源文件包容在 VB 的应用程序中，生成的 VB 应用程序比较大。

链接只是在源文件和 VB 应用程序之间建立一个热链（Hot Link），链接的文件仅存储在源文件中，因此生成的 VB 应用程序比较小，但对应的链接对象会随源文件的改变而改变。

（9）ActiveX 技术

① ActiveX 控件以前也被称为 OLE 控件。

② ActiveX 控件是 VB 内部控件的扩充。

③ 所有支持 ActiveX 技术的软件都可以使用 ActiveX 控件。

④ ActiveX 控件都有自己特有的方法和属性。

⑤ ActiveX 控件的文件扩展名为.ocx。

实验十四　数据库应用

实验目的:
- 掌握创建数据库的方法。
- 掌握数据库控件 Data 的属性设置和使用方法。
- 掌握常用数据显示控件与 Data 控件的绑定方法。
- 记录集 RecordSet 对象的常见方法。

知识要点:

1. 可视化数据管理器

VB 中的外挂程序可视化数据管理器(Visual Data Manager,VisData),不仅包含数据库和数据表等的建立功能,而且还提供了一些实用程序,用于数据的访问。

2. Data 数据控件

Data 数据控件是 VB 提供的一种对象,用于连接数据库内的数据表。Data 数据控件是通过 Jet 数据引擎接口实现数据访问的。它允许将 VB 的窗体与数据库方便地进行连接,并提供了有效的、无须编程即能访问现存数据库的功能。其工作原理是:通过设置数据控件的属性,将数据控件与一个特定的数据库及其中的表联系起来;然后把数据控件加到窗体上来显示相应的数据。

需要指出,数据控件本身并不直接显示记录集中的数据,而是通过与它绑定的依附控件(也称绑定控件)来实现。常用的绑定控件有文本框、标签、复选框、图像框和图片框等类型,它们是为配合数据控件而建立的控件。要使绑定控件能被数据库约束,必须在设计或运行时对绑定控件的以下两个属性进行设置:

DataSource 属性:与一个有效的数据库建立连接。
DataField 属性:与数据源中的一个有效字段建立连接。

3. 记录集

记录集(Recordset)是一个数据对象,它表示来自基本表或命令执行的结果的集合,例如一个查询的结果就是一个记录集,通过表之间的关联,可以将一个或几个表中的数据构成记录集对象。所有记录集对象都是由记录(行)和字段(列)构成,可以把它当作一个数据表进行操作。

在 VB 中由于数据库内的表不允许直接访问,只能通过记录集对象进行操作和浏览,因此,记录集是一种浏览数据库的工具。

（1）记录集常用的属性

Bof 属性：该属性用于判断记录指针是否在首记录之前，如果"是"，其值为 True，否则为 False。

Eof 属性：该属性用于判断记录指针是否在尾记录之后，如果"是"，其值为 True，否则为 False。

Bookmark 属性：该属性返回或设置当前记录集记录指针的标签，其属性值为字符串类型。在程序中可以使用 Bookmark 属性重定位记录集的指针。

Nomatch 属性：在记录集中进行查找时，如果找到相匹配的记录返回 False，否则返回 True。该属性常与 Bookmark 属性一起使用。

RecordCount 属性：对记录集中的记录计数，可确定记录集对象中记录的个数。

（2）记录集常用的方法

AddNew 方法：向记录集增加一条新记录。

Delete 方法：删除记录集中的当前记录。

MoveFirst 方法：将记录集指针移动到第 1 条记录。

MoveLast 方法：将记录集指针移动到最后一条记录。

MoveNext 方法：将记录集指针移动到下一条记录。

MovePrevious 方法：将记录集指针移动到前一条记录。

Move [n]方法：向前或向后移动 n 条记录。

FindFirst 方法：从记录集的开始查找满足条件的第一条记录。

FindLast 方法：从记录集的尾部向前查找满足条件的第一条记录。

FindNext 方法：从当前记录开始查找满足条件的下一条记录。

FindPrevious 方法：从当前记录开始查找满足条件的上一条记录。

实验示例：

例 14.1 使用可视化数据库管理器建立一个名为"Student.mdb"的数据库，它包括一个学生学籍表，该表的表名为 xjb，各列的名称、数据类型、长度及意义如表 14-1 所示。

表 14-1 xjb 表 结 构

列　　名	数 据 类 型	长　　度	意　　义
st_No	Interger		学号
name	Text	10	姓名
sex	Text	2	性别
addr	Text	50	地址
height	single		身高

操作步骤：

（1）启动 VisData

在 VB 的设计环境中，选择"外接程序"→"可视化数据管理器"命令，即可执行 VisData 程序，程序启动后的界面如图 14-1 所示。

(2)创建数据库

VisData 能够创建多种格式的数据库,这里以 Access 数据库为例来说明创建数据库的过程。

选择"文件"→"新建"→"Microsoft Access"→"Version 7.0 MDB"命令,弹出"选择要创建的 Microsoft Access 数据库"对话框。

选择新建数据库的保存位置并输入数据库名称:Student,单击"保存"按钮即可创建一个空数据库,如图 14-2 所示。

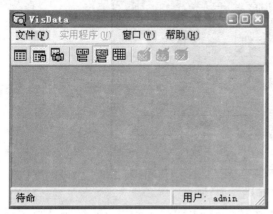

图 14-1 可视化数据管理器

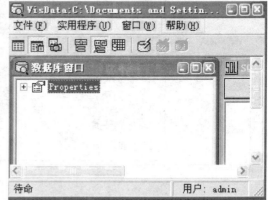

图 14-2 创建数据库后的"可视化数据管理器"界面

(3)向数据库中添加数据表

一旦创建了数据库,可以在里面创建数据表,操作步骤如下:

① 在数据库窗口中右击,在弹出的快捷菜单中选择"新建表"命令,弹出"表结构"对话框,如图 14-3 所示。

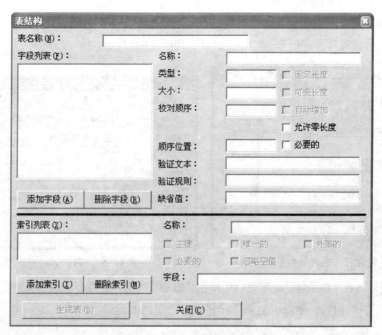

图 14-3 "表结构"对话框

② 在"表名称"文本框中输入要创建的表名 xjb。

③ 单击"添加字段"按钮，弹出"添加字段"对话框，如图 14-4 所示。在对话框中定义字段名称、类型、大小等，然后单击"确定"按钮完成 xjb 表第一个字段的定义。

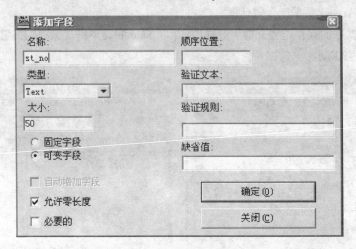

图 14-4 "添加字段"对话框

④ 单击"添加字段"按钮，继续添加新的字段。单击"关闭"按钮则关闭"添加字段"对话框，此时，字段列表中将显示该表的所有字段。

⑤ 单击"生成表"按钮，就会在 Student 数据库中创建一个 xjb 表。

若要修改现有表的结构，可在数据库窗口中右击，在弹出的快捷菜单中选择"设计"命令，弹出"表结构"对话框，对相应的字段进行修改即可。

（4）编辑数据表中的数据

① 在数据库窗口中右击要操作的表（如 xjb），在弹出的快捷菜单中选择"打开"命令，如图 14-5 所示。系统将打开"Dynaset: xjb"窗口，如图 14-6 所示。

图 14-5 包含有 3 个表的数据库 student

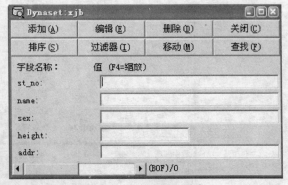

图 14-6 "Dynaset:xjb"窗口

② 添加记录。在"Dynaset: xjb"窗口中单击"添加"按钮，窗口会显示一条空记录，如图 14-7 所示。输入各字段的内容，单击"更新"按钮保存新添加的记录。

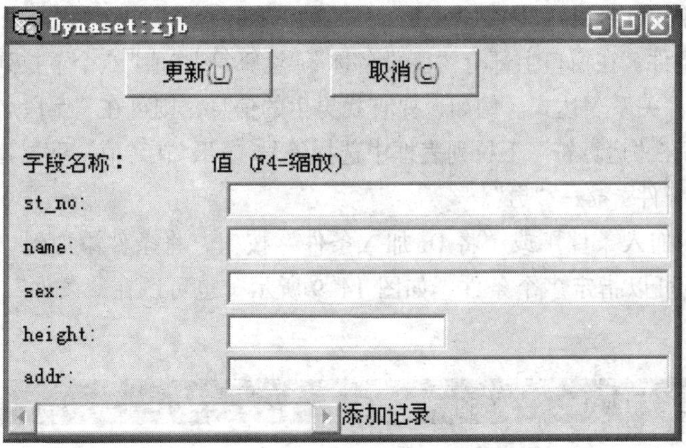

实验十四 数据库应用 107

图 14-7 添加新的记录

其他按钮的使用读者可自行操作。
③ 单击"关闭"按钮关闭"Dynaset:xjb"窗口。
(5) 使用查询生成器
查询生成器是可视化数据管理器的一个工具。可以使用它来生成、查看、执行、保存 SQL 查询，生成的查询作为数据库的一部分保存。使用查询生成器构造一个查询的操作步骤如下：
① 打开可视化数据管理器和要建立查询的数据库 Student。
② 选择"实用程序"→"查询生成器"命令，弹出"查询生成器"对话框，如图 14-8 所示。

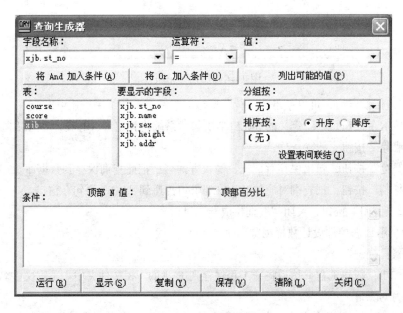

图 14-8 查询生成器

③ 在查询生成器的"表"列表框中，单击要查询的表：xjb，表中所有的字段会显示在"要显示的字段"列表框中。在字段列表中单击所有要在查询时显示的字段名，使它们处于选中状态。
查询可以在多表间进行，选择多表后，可以选择不同表的字段组成查询结果的列，通常情况

下,还要建立表之间的连接。

④ 构造查询条件。在窗口上部有"字段名称""运算符""值"3个下拉列表框,它们用于构成表的一个查询条件关系表达式。例如,要查找男生的信息,则可在"字段名称"下拉列表框中选择"sex"字段,在"运算符"下拉列表框中选择等号"=",在"值"下拉列表框中输入"男",这样就构造了查询条件:sex="男"。

单击"将 And 加入条件"或"将 Or 加入条件"按钮,将条件添加到"条件"列表框中。通过这两个按钮还可以指定多个条件,如图 14-9 所示。也可以在"条件"编辑框中编辑指定的条件。

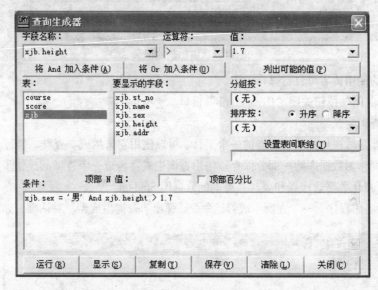

图 14-9 添加多个条件

⑤ 查询条件设定后,可以单击"运行"按钮,查看查询的结果。还可以:

单击"显示"按钮,查看定义的 SELECT 语句,系统将弹出"SQL 查询"对话框。

单击"清除"按钮,删除条件。

单击"保存"按钮,弹出保存对话框,输入查询名,把此查询保存到数据库。

单击"复制"按钮,把查询对应的 SELECT 语句传递到"SQL 语句"窗口。

⑥ 单击"关闭"按钮,关闭"查询生成器"对话框。

例 14.2 用数据控件设计数据浏览程序。

操作步骤:

① 启动 VB,新建工程,然后将新工程保存到 E 盘的 VB 文件夹中。工程文件名为 vb.vbp,窗体文件名为 vb.frm。

② 在属性窗口中将窗体的 Name 属性设置为 frmExp21;Caption 属性设置为数据浏览程序。

③ 在窗体下部添加一个 Data 控件,采用其默认名字 Data1,属性设置如下:

DatabaseName:在实验 14.1 中创建的数据库。

Connect:Access。

RecordSource:Student(不用手工输入,一旦设置了数据库名称,即可直接选取)。

④ 在窗体上添加 2 个标签和 2 个文本框,并按表 14-2 所示设置其属性。标签用于显示字段名,文本框用于显示数据(标签也可以显示数据,但不能修改)。

表 14-2 控件属性设置窗口

控件名称	属　　性	属　性　值
Label1	Caption	学号
Label2	Caption	姓名
Text1	DataSource	Data1
	DataField	st_no
Text2	DataSource	Data1
	DataField	name

至此设置全部完成,此时的设计窗体如图 14-10 所示。

⑤ 运行程序。

运行程序,出现如图 14-11 所示的窗口,显示第一条记录。单击 Data 控件上的导航按钮移动并观察各条记录。

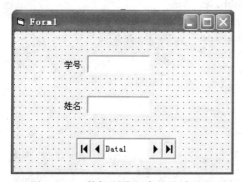
图 14-10 数据浏览程序的设计界面

图 14-11 数据浏览程序的运行界面

例 14.3 设计数据管理程序。

在例 14.2 中,如果将 Data 控件的 EOFAction 属性设置为 2 – AddNew,当移动到最后一条记录时再单击"下一个记录"按钮,则会增加一条新记录,在文本框中输入各字段值,记录会保存到数据库中。这样虽然能添加记录,但无法查找和删除记录,本例将在例 14.2 的基础上增加查找记录和删除记录的功能。

操作步骤:

(1)设计界面

在例 14.2 的界面中再添加 3 个命令按钮,分别命名为 cmdAddNew、cmdDelete 和 cmdFind,将按钮的 Caption 属性分别设置为"增加记录""删除记录"和"查找记录"。

将工程重新命名保存到 E 盘的 VB 文件夹,工程文件名为 vb1.vbp,窗体文件名为 vb1.frm。

在属性窗口中将窗体的(名称)属性设为"FrmExp22",Caption 属性设为"数据管理程序"。设计完成后的界面如图 14-12 所示。

图 14-12 数据管理程序的设计界面

（2）编写程序代码

```
' cmdAddNew 按钮的 Click 事件过程如下
Private Sub Command1_Click()
    On Error Resume Next
    Command2.Enabled = Not Command2.Enabled
    Command3.Enabled = Not Command3.Enabled
    Command4.Enabled = Not Command4.Enabled
    Command5.Enabled = Not Command5.Enabled
    If Command1.Caption = "新增" Then
        Command1.Caption = "确认"
        Data1.Recordset.AddNew
        Text1.SetFocus
    Else
        Command1.Caption = "新增"
        Data1.Recordset.Update
        ' Data1.Recordset.MoveLast
    End If
End Sub

' cmdDelete 按钮的 Click 事件过程如下
Private Sub Command2_Click()
    On Error Resume Next
    Data1.Recordset.Delete
    Data1.Recordset.MoveNext
    If Data1.Recordset.EOF Then Data1.Recordset.MoveLast
End Sub

' cmdFind 按钮的 Click 事件过程如下
Private Sub Command3_Click()
    Dim mzy As String
    mzy = InputBox$("请输入专业", "查找窗口")
    Data1.RecordSource = "Select * From student Where 专业 like '" & mzy & "' "
    Data1.Refresh
    If Data1.Recordset.EOF Then
```

```
        MsgBox "无此专业!", , "提示"
        Data1.RecordSource = "基本情况"
        Data1.Refresh
    End If
End Sub
Private Sub Data1_Reposition()
    Data1.Caption = Data1.Recordset.AbsolutePosition + 1
End Sub
Private Sub Data1_Validate(Action As Integer, Save As Integer)
    If Text1.Text = "" And (Action = 6 Or Text1.DataChanged) Then
        Data1.UpdateControls
        MsgBox "数据不完整,必须要有学号! "
    End If
    If Action >= 1 And Action < 5 Then
        Command1.Caption = "新增": Command3.Caption = "修改"
        Command1.Enabled = True: Command2.Enabled = True
        Command3.Enabled = True: Command4.Enabled = False
        Command5.Enabled = True
    End If
End Sub
Private Sub Form_Load()
    mpath = App.Path
    If Right(mpath, 1) <> "\" Then mpath = mpath + "\"
    Data1.DatabaseName = mpath + "student.mdb"
End Sub
```

> **注意**
> 查找记录可以针对任意字段,只要输入正确的查找条件即可。

在"对象"列表框中选择 Data1,在"过程"列表框中选择 Reposition,在当前记录发生变化时会产生这个事件,目的是要显示出当前的记录号,代码如下:

```
Private Sub Data1_Reposition()
    Data1.Caption="当前记录: "&Data1.Recordset.AbsolutePosition+1
End Sub
```

> **注意**
> 加 1 的目的是为了符合人们的习惯,因为记录号是从 0 算起的。另外,动态记录集可以使用 AbsolutePosition 属性,而表类型的记录集只能使用 PercentPosition 属性,要显示当前记录号可以用如下语句:
> (Data1.Recordset.PercentPosition) / 100 * Data1.Recordset.RecordCount + 1

(3) 运行程序

运行程序,单击"删除记录"按钮即可删除一条记录,并显示出下一条记录。如果单击"添加记录"按钮,各字段框会变成空白,输入新的数据后再单击 Data 控件上的记录定位按钮,这样新记录才能保存,其原因是为了简单起见,程序中省略了"保存新记录"按钮,没有显式地给出 Update 方法,但可以用控件的自动功能进行保存。

单击"查找记录"按钮,输入:number LIKE "0001"作为查找条件,观察运行情况。

实验习题：

1. 用可视化数据库管理器建立一个 Access 数据库 Ms.mdb，包含表 Std，结构如表 14-3 所示，并用"姓名"字段建立名为 Name 的索引，然后向表中输入记录。

表 14-3 表 Std 结 构

字 段 名	数 据 类 型	字 段 名	数 据 类 型
学号	文本，20 位	籍贯	文本，50 位
姓名	文本，20 位	专业	文本，20 位
性别	文本，2 位	照片	二进制
出生年月	日期	其他	备注型

2. 设计界面如图 14-13 所示的应用程序，将 Data 控件与数据库 Ms.mdb 的表 Std 连接，再将各控件与 Data 控件的相应字段绑定，运行程序浏览数据库内容。

3. 在习题 2 的基础上，将 Data 控件隐藏，添加 4 个命令按钮，如图 14-14 所示，通过单击命令按钮实现对数据库的操作。其中，命令按钮"上一条"和"下一条"实现记录的浏览，"添加"和"删除"实现相应的编辑操作。

提 示

使用程序代码控制 Data 控件。

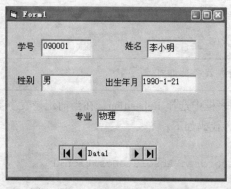

图 14-13 习题 2 程序运行界面

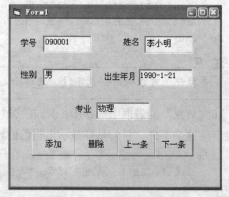

图 14-14 习题 3 程序运行界面

常见错误：

（1）不能绑定到字段

绑定控件 DataField 属性设置的字段在记录集中不存在，运行时将产生不能绑定到字段或数据成员的错误。可检查数据表，重新指定字段。

（2）绑定控件无法获取记录集内的数据

数据控件的连接设置必须先于绑定控件的 DataSource 和 DataField 属性的设置，否则绑定控件无法获取记录集内的数据，通常会给出"未发现数据源名称并且未指定默认驱动程序"的提示信息。

（3）含有数据库的应用程序复制到其他地方，出现找不到文件的错误

可能是数据文件没有复制下来，或程序中数据库的连接采用的是绝对路径。建议将数据库文件和程序文件放在同一文件夹中。

第二部分 习题与解答

习题一 VB 简介

一、选择题

1. Visual Basic 应用程序的运行是（   ）。
   A. 从一个建立的窗体模块开始执行
   B. 以最后建立的窗体模块结束
   C. 程序执行顺序不是预先完全确定好的
   D. 执行顺序是预先确定好的

2. 在设计阶段，当双击窗体上的某个控件时，所打开的窗口是（   ）。
   A. 工程资源管理器
   B. 工具箱窗口
   C. 代码窗口
   D. 属性窗口

3. Visual Basic 是一种面向对象的可视化程序设计语言，采取了（   ）的编程机制。
   A. 事件驱动
   B. 按过程顺序执行
   C. 从主程序开始执行
   D. 按模块顺序执行

4. Visual Basic 是一种面向对象的可视化程序设计语言，其中（   ）不是面向对象系统所包含的 3 要素。
   A. 变量
   B. 事件
   C. 属性
   D. 方法

5. 以下叙述中错误的是（   ）。
   A. 事件过程是响应特定事件的一段程序
   B. 不同的对象可以具有相同名称的方法
   C. 对象的方法是执行指定操作的过程
   D. 对象事件的名称可以由编程者指定

6. 以下叙述中错误的是（   ）。
   A. 一个工程中可以包括多种类型的文件
   B. Visual Basic 应用程序既能以编译方式执行，也能以解释方式执行
   C. 程序运行后，在内存中只能驻留一个窗体
   D. 对于事件驱动型应用程序，每次运行时的执行顺序可以不一样

7. Visual Basic 集成环境的主窗口中不包括（   ）。
   A. 标题栏
   B. 菜单栏
   C. 状态栏
   D. 工具栏

8. 用标准工具栏中的工具按钮不能执行的操作是（   ）。
   A. 打印源程序
   B. 添加工程
   C. 运行程序
   D. 打开工程

9. 在设计应用程序时，通过（　　）窗口可以查看到应用程序工程中的所有组成部分。
   A. 代码　　　　　　　　　　　　B. 窗体设计
   C. 属性　　　　　　　　　　　　D. 工程资源管理器
10. 在安装好 Visual Basic 后，可以有多种方式启动 VB。以下方式中不能启动 Visual Basic 的是（　　）。
    A. 通过"我的电脑"找到 vb6.exe 文件，双击该文件名
    B. 通过"开始"→"所有程序"命令
    C. 进入 DOS 方式，执行 vb6.exe 文件
    D. 通过"开始"→"运行"命令
11. 在设计状态时，为了把窗体上的某个控件变为活动的，应执行的操作是（　　）。
    A. 单击窗体的边框　　　　　　　B. 单击该控件
    C. 双击该控件　　　　　　　　　D. 双击窗体
12. 为了同时改变一个活动控件的高度和宽度，正确的操作是（　　）。
    A. 拖拉控件 4 个角上的某个小方块　　B. 只能拖拉位于控件右下角的小方块
    C. 只能拖拉位于控件左下角的小方块　　D. 不能同时改变控件的高度和宽度
13. Visual Basic 窗体设计器的主要功能是（　　）。
    A. 建立用户界面　　　　　　　　B. 编写源程序代码
    C. 画图　　　　　　　　　　　　D. 显示文字
14. 假定已在窗体上画了多个控件，并有一个控件是活动的，为了在属性窗口中设置窗体属性，应预先执行的操作是（　　）。
    A. 单击窗体上没有控件的地方　　B. 单击任一个控件
    C. 不执行任何操作　　　　　　　D. 双击窗体的标题栏
15. 下列不能打开代码窗口的操作是（　　）。
    A. 双击窗体上的某个控件　　　　B. 双击窗体
    C. 按【F7】键　　　　　　　　　D. 单击窗体或控件
16. 启动 Visual Basic 后，标题栏中显示的信息是（　　）。
    A. 程序 1-Microsoft Visual Basic [设计]　　B. Form1- Microsoft Visual Basic [设计]
    C. 工程 1-Visual Basic [设计]　　　　　　　D. 工程 1- Microsoft Visual Basic [设计]
17. 将工具栏显示在窗口或从窗口中隐藏起来，是通过（　　）菜单中的"工具栏"命令实现的。
    A. 文件　　　B. 编辑　　　C. 视图　　　D. 格式
18. 面向对象的程序设计是指满足（　　）。
    A. 可视化、结构化、动态化
    B. 封装性、继承性、多态性
    C. 对象的链接、动态链接、动态数据交换
    D. ODBC、DDE、OLE
19. 下列操作不能打开"属性"窗口的操作是（　　）。
    A. 选择"视图"→"属性窗口"命令

B. 右击窗体或控件，在弹出的快捷菜单中选择"属性窗口"命令

C. 按【F1】键

D. 单击工具栏中的"属性窗口"按钮

20. Visual Basic 集成开发环境有 3 种工作状态，不属于 3 种工作状态之一的是（　　）。

　　A. 设计状态　　　B. 编写代码状态　　C. 运行状态　　　D. 中断状态

二、填空题

1. Visual Basic 6.0 有 3 个版本，即__(1)__、__(2)__和__(3)__。其中，最完整的是__(4)__。
2. Visual Basic 规定工程文件的扩展名是_____。
3. Visual Basic 应用程序中标准模块文件的扩展名是_____。
4. 一个可执行的 Visual Basic 应用程序至少要包括一个_____。
5. Visual Basic 中的控件分为 3 类，它们是__(1)__、__(2)__和__(3)__。
6. 可以通过__(1)__菜单中的__(2)__命令退出 Visual Basic。
7. 在用 Visual Basic 开发应用程序时，一般需要__(1)__、__(2)__和__(3)__ 3 步。
8. 移动控件位置的组合键是_____。
9. 为了选择多个控件，可以按住_____键，然后单击每个控件。
10. 在属性窗口中，属性的显示方式分为_____和"按分类顺序"。

习题二　VB 可视化编程基础

一、选择题

1. 在窗体（名称为 Form1）上画 1 个名称为 Text1 的文本框和 1 个名称为 Command1 的命令按钮，然后编写一个事件过程。程序运行后，如果在文本框中输入一个字符，则把命令按钮的标题设置为"计算机等级考试"。以下能实现上述操作的事件过程是（　　）。

   A. `Private Sub Text1_Change()`
   `Command1.Caption = "计算机等级考试"`
   `End Sub`

   B. `Private Sub Command1_Click()`
   `Caption = "计算机等级考试"`
   `End Sub`

   C. `Private Sub Form_Click()`
   `Text1.Caption = "计算机等级考试"`
   `End Sub`

   D. `Private Sub Command1_Click()`
   `Text1.Text = "计算机等级考试"`
   `End Sub`

2. 为了使命令按钮（名称为 Command1）右移 200，应使用的语句是（　　）。

   A. Command1.Move –200

   B. Command1.Move 200

   C. Command1.Left = Command1.Left + 200

   D. Command1.Left = Command1.Left – 200

3. 在 Visual Basic 工程中，可以作为"启动对象"的程序是（　　）。

   A. 任何窗体或标准模块
   B. 任何窗体或过程
   C. Sub Main 过程或其他任何模块
   D. Sub Main 过程或任何窗体

4. 设计窗体有一个文本框，名称为 Text1，程序运行后，要求该文本框只能显示信息不能输入信息，以下实现该操作的语句是（　　）。

   A. Text1.Maxlength=0
   B. Text1.Enabled=False
   C. Text1.Visible=False
   D. Text1.Width=0

5. 在窗体上画一个名称为 Command1 的命令按钮，然后编写如下事件过程：
   ```
   Private Sub Command1_Click()
       Move 500,500
   End Sub
   ```
   程序运行后，单击命令按钮，执行的操作为（　　）。

   A. 命令按钮移动到距窗体左边界、上边界各 500 的位置
   B. 窗体移动到距屏幕左边界、上边界各 500 的位置
   C. 命令按钮向左、上方向各移动 500
   D. 窗体向左、上方向各移动 500

6. 确定一个控件在窗体的位置的属性是（　　）。
   A. Width 和 Height　　　　　　B. Width 或 Height
   C. Top 和 Left　　　　　　　　D. Top 或 Left

7. 以下叙述错误的是（　　）。
   A. Visual Basic 是事件驱动型可视化编程工具
   B. Visual Basic 应用程序不具有明显的开始和结束语句
   C. Visual Basic 工具箱中的所有控件都具有宽度（Width）和高度（Height）属性
   D. Visual Basic 中控件的某些属性只能在运行时设置

8. 以下叙述错误的是（　　）。
   A. 双击可以触发 DblClick 事件
   B. 窗体或控件的事件名称可以由编程人员确定
   C. 移动鼠标时，会触发 MouseMove 事件
   D. 控件的名称可以由编程人员设定

9. 以下关于焦点的叙述中，错误的是（　　）。
   A. 如果文本框的 TabStop 属性为 False，则不能接收从键盘上输入的数据
   B. 当文本框失去焦点时，触发 LostFocus 事件
   C. 当文本框的 Enabled 属性为 False 时，其 Tab 顺序不起作用
   D. 可以用 TabIndex 属性改变 Tab 顺序

10. 以下关于窗体的描述中，错误的是（　　）。
    A. 执行 Unload Form1 语句后，窗体 Form1 消失，但仍在内存中
    B. 窗体的 Load 事件在加载窗体时发生
    C. 当窗体的 Enabled 属性为 False 时通过鼠标和键盘对窗体的操作都被禁止
    D. 窗体的 Height、Width 属性用于设置窗体的高和宽

11. 以下叙述中正确的是（　　）。
    A. 窗体的 Name 属性指定窗体的名称，用来标识一个窗体
    B. 窗体的 Name 属性的值是显示在窗体标题栏中的文件
    C. 可以在运行期间改变对象的 Name 属性的值
    D. 对象的 Name 属性值可以为空

12. 以下能够触发文本框 Change 事件的操作是（　　）。
    A. 文本框失去焦点　　　　　　B. 文本框获得焦点
    C. 设置文本框的焦点　　　　　D. 改变文本框的内容

13. 如果要使窗体的最大化按钮变成灰色，应设置窗体的（　　）属性。
    A. Icon　　　　　　　　　　　B. ControlBox
    C. MaxButton　　　　　　　　D. MinButton

14. 将窗体的（　　）属性设置为 False 后，运行时窗体上的按钮、文本框就不会对用户的操作作出响应。
    A. ControlBox　　　　　　　　B. Visible
    C. Enabled　　　　　　　　　D. BorderStyle

15. 如果设计时在属性窗口中将命令按钮的（　　）属性设置为 False，则运行时按钮从窗体上消失。
    A. Enabled   B. Default
    C. Value   D. Visible

16. 通过文本框的（　　）事件过程可以获取文本框中输入字符的 ASCII 码值。
    A. Change   B. GotFocus
    C. Lostfocus   D. KeyPress

17. 若使标签能够显示所需要的文本，则在程序中应设置（　　）属性的值。
    A. Text   B. Caption
    C. Name   D. AutoSize

18. 新建一个工程，内有 2 个窗体，窗体 Form1 上有 1 个命令按钮 Command1，单击该按钮，Form1 窗体消失，显示窗体 Form2，程序如下：
    Private Sub Command1_Click()
    　　_____
    　　Form2._____
    End Sub
    请完善程序。
    A. UnLoad; Show   B. UnLoad Me; Show
    C. Form1.UnLoad; Form1.Show   D. Form1_UnLoad; Form1.Show

19. 如果将 PasswordChar 属性设置为一个字符（如*），运行时，在文本框中无法输入字符的可能原因是（　　）。
    A. 文本框的 MultiLine 属性值为 True
    B. 文本框的 Locked 属性值为 True
    C. 文本框的 MultiLine 属性值为 False
    D. 文本框的 Locked 属性值为 False

20. 要使标签中的文本居中显示，则应将其 Alignment 属性设置为（　　）。
    A. 0   B. 1
    C. 2   D. 3

21. 为了在按【Enter】键时执行某个命令按钮的事件过程，需要把该命令按钮的一个属性设置为 True，这个属性是（　　）。
    A. Value   B. Cancel
    C. Enalbled   D. Default

22. 决定控件上文字的字体、字形、大小、效果的属性是（　　）。
    A. Text   B. Caption
    C. Name   D. Font

23. 当标签的内容太长，需要根据标题自动调整标签的大小时，应设置标签的（　　）属性为 True；若需要标签在垂直方向变化大小与标题相适应，还应设置 Wordwrap 属性为 True。
    A. AutoSize   B. WordWrap

C. Enalbled D. Visble

24. 程序运行后，单击窗体，此时窗体不会接收到的事件是（   ）。
    A. MouseDown B. MouseUp
    C. Load D. Click

25. 当窗体上添加了一个标签控件 Label1 之后，标签控件缺省的 Name 属性和 Caption 属性为（   ）；执行语句 Labell.Caption="Visual Basic"之后，标签控件的 Name 属性和 Caption 属性为"Visual Basic"。
    A. Label B. Caption
    C. Label1 D. Label

26. 任何控件都有的属性是（   ）。
    A. BackColor B. Caption
    C. Name D. BorderStyle

27. 要使一个命令按钮成为图形命令按钮，则应设置其（   ）属性。
    A. Picture B. Style
    C. DownPicture D. DisabledPicture

28. 要使一个标签透明且不具有边框，则应（   ）。
    A. 将其 BackStyle 属性设置为 0，BorderStyle 属性设置为 0
    B. 将其 BackStyle 属性设置为 0，BorderStyle 属性设置为 1
    C. 将其 BackStyle 属性设置为 1，BorderStyle 属性设置为 0
    D. 将其 BackStyle 属性设置为 1，BorderStyle 属性设置为 1

29. 标签控件能够显示文本信息，文本内容只能用（   ）属性来设置。
    A. Alignment B. Caption
    C. Visible D. BorderStyle

30. 在窗体上画一个文本框（名称为 Text 1）和一个标签（名称为 Label 1），程序运行后，如果在文本框中输入文本，则标签中立即显示相同的内容。以下可以实现上述操作的事件过程是（   ）。
    A. `Private Sub Text1_Change()`
       `Label1.Caption=Text1.Text`
       `End Sub`
    B. `Private Sub Label1_Change()`
       `Label1.Caption=Text1.Text`
       `End Sub`
    C. `Private Sub Text1_Click()`
       `Label1.Caption=Text1.Text`
       `End Sub`
    D. `Private Sub Label1_Click()`
       `Label1.Caption=Text1.Text`
       `End Sub`

二、填空题

1. 若有程序代码：Form1.Caption="VB 实例"

则 Form1、Caption、"VB 实例"分别代表_____。
2. 在 VB 集成环境下，如果没有显示"工具箱"窗口，应选择___(1)___菜单中的___(2)___命令，使工具箱窗口显示。
3. 一只白色的足球被踢进球门，则白色、足球、踢、进球是_____。
4. 能被对象所识别的动作与对象可执行的活动分别称为对象的_____。
5. 一个可执行的 VB 应用程序至少要包括一个_____。

习题三　VB 语言基础

一、选择题

1. 以下变量名中合法的是（　　）。
   A. x2-1　　　　　　B. print　　　　　　C. str_n　　　　　　D. 2x

2. 把数学表达式 $\dfrac{5x+3}{2y-6}$ 表示为正确的 VB 表达式应该是（　　）。
   A. (5x+3)/(2y-6)　　　　　　B. x*5+3/2*y-6
   C. (5*x+3)÷(2*y-6)　　　　　D. (x*5+3)/(y*2-6)

3. 可以产生 30～50（含 30 和 50）之间的随机整数的表达式是（　　）。
   A. Int(Rnd*30+50)　　　　　　B. Int(Rnd*20+30)
   C. Int(Rnd*50-Rnd*30)　　　　D. Int(Rnd*21+30)

4. 设窗体文件中有以下事件过程：
```
Private Sub Command1_Click()
   Dim s
   a%=100
   Print a
End Sub
```
其中变量 a 和 s 的数据类型分别是（　　）。
   A. 整型，整型　　　　　　　　B. 变体型，变体型
   C. 整型，变体型　　　　　　　D. 变体型，整型

5. 下面不能在信息框中输出"VB"的是（　　）。
   A. MsgBox "VB"　　　　　　　B. x=MsgBox("VB")
   C. MsgBox("VB")　　　　　　　D. Call MsgBox "VB"

6. 下列叙述正确的是（　　）。
   A. MsgBox 语句的返回值是个整数
   B. MsgBox 语句的第一个参数不能省略
   C. 执行 MsgBox 语句并出现信息框后，不用关闭信息框即可执行其他操作
   D. 如果省略 MsgBox 语句的第三个参数（Title），则信息框的标题为空

7. 下列说法不正确的是（　　）。
   A. 变量名的长度不能超过 255 个字符
   B. 变量名可以包含小数点或者内嵌的类型声明符

C. 变量名不能使用关键字

D. 变量名的第一个字符必须是字母

8. 表达式 z=Sqr(x^3+3)+Sqr(y^2-2)的类型是（   ）。

   A. 算术表达式   B. 逻辑表达式   C. 关系表达式   D. 字符表达式

9. 表达式 Len("VB123")+Abs(-3)的值是（   ）。

   A. 8   B. VB123-3   C. VB1233   D. 0

10. 下列代码运行后输出结果是（   ）。

```
Private Sub Command1_Click()
    A$="789"
    B="123"
    Print  A+B
End Sub
```

   A. 789123   B. 显示出错信息   C. "789"+123   D. "789123"

11. 如果一个变量未经定义就直接使用，则该变量的类型为（   ）。

   A. 整型   B. 字节型   C. 逻辑型   D. 变体型

12. 各种运算符间的优先顺序从低到高是（   ）。

   A. 逻辑运算符→算术运算符→关系运算符

   B. 算术运算符→逻辑运算符→关系运算符

   C. 逻辑运算符→关系运算符→算术运算符

   D. 关系运算符→逻辑运算符→算术运算符

13. 表达式(3/2+1)*(5/2+2)的值是（   ）。

   A. 11.25   B. 6.125   C. 4   D. 3

14. Mid("Good morning",6,3)的值是（   ）。

   A. Goo   B. ing   C. mor   D. d morn

15. 执行如下语句：

`x=InputBox("WuHan","Technology","University",,,"Science",5)`

将显示一个对话框，在对话框的输入区中显示的信息是（   ）。

   A. WuHan   B. Technology   C. University   D. Science

16. 设有如下变量声明：

`Dim Tdate As Date`

为变量 Tdate 正确赋值的表达方式是（   ）。

   A. Tdate=#10/01/2010#   B. Tdate=#"10/01/2010"#

   C. Tdate=date("10/01/2010")   D. Tdate=Format("mm/dd/yyyy","10/01/2010")

17. 设 A$="北京", B$="Shanghai", 则表达式 LEFT(A$,2)+STRING(3,"-")+LEFT(B$,8) 构成的字符串是（   ）。

   A. "北京---"   B. "Shanghai"

   C. "北京 Shanghai"   D. "北京---Shanghai"

18. 定义货币类型数据应该使用关键字（   ）。

   A. Double   B. Boolean   C. Currency   D. Single

19. 变体数据类型是所有未定义的变量的默认数据类型，可以表示（　　）。
    A. 数值　　　　B. 字符　　　　C. 日期/时间　　　D. 都可以
20. 以下声明语句中错误的是（　　）。
    A. Dim x="wuhan"　　　　　　B. Const x=456
    C. DefInt a-z　　　　　　　D. Static x As Single
21. 以下合法的 Visual Basic 标识符是（　　）。
    A. Const　　　B. 5A　　　　C. Abc_77　　　D. A#B
22. 如果将布尔常量值 True 赋给一个整型变量，则整型变量的值为（　　）。
    A. 0　　　　　B. -1　　　　C. True　　　　D. False
23. 变量未赋值时，数值型变量的值为（　　）。
    A. 0　　　　　B. 空　　　　C. 1　　　　　D. 无任何值
24. 可以把字符串中的小写字母转换为大写字母的函数是（　　）。
    A. Ucase$　　B. Lcase$　　C. Str$　　　　D. InStr$
25. 在窗体上画一个名为 Command1 的命令按钮，然后编写如下事件过程：
    ```
    Private Sub Command1_Click()
        a$="WuHanScience "
        Print String(5,a$)
    End Sub
    ```
    程序运行后，单击命令按钮，窗体上显示的是（　　）。
    A. WWWWW　　　B. WuHan　　　C. ience　　　D. 11
26. 函数 String$(n,"str") 的功能是（　　）。
    A. 把数值型数据转换为字符串
    B. 返回由 n 个字符组成的字符串
    C. 从字符串中取出 n 个字符
    D. 从字符串中第 n 个字符的位置开始取子字符串
27. 设 x=3,y=4,z=5，以下表达式的值是（　　）。
    ```
    x<y and (Not y>z) Or z<x
    ```
    A. 1　　　　　B. -1　　　　C. True　　　　D. False
28. 设 a=10,b=20，则以下表达式为真的是（　　）。
    A. a>=b and b>25　　　　　B. (a>b) or (b>0)
    C. (a<0) eqv (b>0)　　　　D. (-3+5>a)and (b<0)
29. 下面不能正确表示条件"两个整型变量 x 和 y 之一为 0，但不能同时为 0"的布尔表达式的是（　　）。
    A. x*y=0 and x<>y　　　　　B. (x=0 or y=0) and x<>y
    C. x=0 and y<>0 or x<>0 and y=0　　D. x*y=0 and(x=0 or y=0)
30. 设 x、y、z 表示三角形的 3 条边，条件"任意两边之和大于第三边"的布尔表达式可以用（　　）表示。
    A. x+y>=z or x+z>=y or y+z>=x　　B. not(x+y>=z or x+z>=y or y+z>=x)
    C. x+y>=z and x+z>=y or y+z>=x　　D. not(x+y>=z and x+z>=y and y+z>=x)

31. 以下关系表达式中，其值为 False 的是（　　　）。
    A. "XYZ ">"XyZ "　　　　　　B. "123 "<>"1234 "
    C. "Single ">"Sin "　　　　　D. "XYZ "=Ucase("xyz")

32. 表达式(8\3+1)*(16\5-1)的值是（　　　）。
    A. 6　　　　B. 5.86　　　　C. 5.3　　　　D. 6.6

33. 设 a="WuHan University"，下面使 b="University"的语句是（　　　）。
    A. b=Left(a,7,12)　　　　　B. b=Mid(a,7,10)
    C. b=Right(a,10,10)　　　　D. b=Left(a,7,10)

34. 执行以下语句后，输出的结果是（　　　）。
    ```
    a$="0123456789"
    Print Mid(a$,3,4)
    Print Len(a$)
    ```
    A. 0123 10　　B. 2345 10　　C. 3456 10　　D. 6789 10

35. 以下能正确定义数据类型 TelBook 的代码是（　　　）。
    ```
    A. Type TelBook            B. Type TelBook
         Name As String*10          Name As String*10
         TelNum As Integer          TelNum As Integer
       End Type                   End TelBook
    C. Type TelBook            D. Typedef TelBook
         Name String*10             Name String*10
         TelNum Integer             TelNum Integer
       End Type TelBook           End Type
    ```

36. 设 a=10,b=20，则执行：
    c=Int((b-a)*Rnd+a)+1
    后，c 值的范围为（　　　）。
    A. 10～20　　B. 11～19　　C. 11～20　　D. 10～19

37. 设 a=20,b=10,c=1，执行语句 Print a>b>c 后，窗体上显示的是（　　　）。
    A. 1　　　　B. 出错信息　　C. True　　　D. False

38. 将数学表达式 $\cos^2(a+b)+5e^2$ 写成 Visual Basic 的表达式，其正确的形式是（　　　）。
    A. cos(a+b)^2+5*exp(2)　　　B. cos^2(a+b)+5*exp(2)
    C. cos(a+b)^2+5*ln(2)　　　 D. cos^2(a+b)+5*ln(2)

39. 在窗体上画一个名为 Command1 的命令按钮，然后编写如下事件过程：
    ```
    Private Sub Command1_Click()
       a=12345
       Print Format$(a," 000.00")
    End Sub
    ```
    程序运行后，单击命令按钮，窗体上显示的是（　　　）。
    A. 123.45　　B. 12345.00　　C. 12345　　　D. 00123.45

二、填空题

1. 下列语句的输出结果是_____。
   Print Format$(2318.5, " 000,000.00")

2. 表达式 2*4^2-2*6/3+3\2 的值是_____。
3. 函数 Int(Rnd*20)+20 的值的取值范围是_____。
4. 用户可以用_____语句定义自己的数据类型。
5. 在 Visual Basic 的立即窗口输入以下语句：

   y=100
   ?Chr$(y)

   在窗口中显示的结果是_____。
6. 函数 Str$(561.25)的值是_____。
7. 在 Visual Basic 中，变量名不能超过_____个字符。
8. 表达式"789"+"456"的值是___（1）___，表达式"789"&"456"的值是___（2）___。
9. 设有如下程序段：

   a$="WuHanScience "
   b$=Mid(a$,Instr(a$,"n")+1)

   执行上面程序段后，变量 b$的值为_____。
10. 设 a=2,b=3,c=4,d=5，表达式 a>b and c<=d or 2*a>c 的值是_____。
11. 与数学表达式$(\cos(a+b))^2/3x+5$对应的 Visual Basic 表达式是_____。
12. 描述 "y 是小于 10 的非负整数" 的 Visual Basic 表达式是_____。

习题四　程序控制结构

一、选择题

1. 下列赋值语句中，语法正确的是（　　）。
   A. a^2=16　　　B. a<b=8　　　C. a=b>8　　　D. let a=3,b=10

2. 执行以下程序段后，E、F、G 的值分别是（　　）。
   E=3: F=4: G=5
   E=F: F=G: G=E
   A. 3 4 5　　　B. 4 5 3　　　C. 4 5 4　　　D. 4 5 5

3. 设 a=3, b=4，以下可以实现 a、b 值互换的程序是（　　）。
   A. c=a: d=b: b=c: a=b
   B. b=a: a=b
   C. c=a: a=b: b=c
   D. c=a: b=c: a=b

4. 语句 a=a+1 的正确含义是（　　）。
   A. 变量 a 的值为 1
   B. 变量 a 的值与 a+1 的值相等
   C. 将变量 a 的值存到 a+1 中去
   D. 将变量 a 的值加 1 后赋给变量 a

5. 下列程序段执行后，输出结果是（　　）。
   ```
   Private Sub Form_Click()
       a = 0: b = 1
       a = a + b: b = a + b
       Print a; b
       a = a + b: b = a + b
       Print a; b
       a = b - a: b = b - a
       Print a; b
   End Sub
   ```
   A. 1　2　　　B. 1　2　　　C. 1　2　　　D. 3　5
   　　3　5　　　　3　4　　　　3　4　　　　2　3
   　　2　3　　　　3　4　　　　2　3　　　　1　2

6. 以下语句的输出结果是（　　）。
   a = 27
   b = 65
   print a;b
   A. 27□65　　　B. □27□65　　　C. □27□□65　　　D. □27□□65

7. 语句 Print "ABS(-6)="; ABS(-6)的输出结果是（   ）。
   A. ABS(-6)= ABS(-6)　　　　　B. ABS(-6)=6
   C. "6="6　　　　　　　　　　　D. 6= ABS(-6)
8. 设 a= "15",b= "40"，下列语句能显示出"40-15"的是（   ）。
   A. Print val(b)-val(a)　　　　B. Print b;chr(45);a
   C. Print b-a　　　　　　　　　D. Print Asc(a)+ "-"+Asc(b)
9. 下列程序段执行后，输出结果为（   ）。
   ```
   Private Sub Form_Click()
       a = 8: b = 9
       Print a = b
   End Sub
   ```
   A. False　　　B. 9　　　C. 8　　　D. 出错信息
10. 设有语句：
    X=InputBox("输入数值","0","示例")
    程序运行后，如果从键盘上输入数值10并按【Enter】键，则下列叙述中正确的是(   )。
    A. 变量 x 的值是数值 10
    B. 在 InputBox 对话框标题栏中显示的是"示例"
    C. 0 是默认值
    D. 变量 x 的值是字符串"10"
11. 若有下列程序段：
    ```
    Private Sub Form_Click()
        a = InputBox("")
        b = InputBox("")
        Print a + b
    End Sub
    ```
    运行时，若输入 3 和 4，则输出的结果是（   ）。
    A. 7　　　B. 34　　　C. 3+4　　　D. 显示出错信息
12. 执行下面的语句后，所产生的信息框的标题是（   ）。
    a=MsgBox("TTTT",5,"BBBB")
    A. BBBB　　　B. 空　　　C. TTTT　　　D. 出错
13. 下列程序段运行后，在消息框中显示的提示信息是（   ）。
    ```
    Private Sub Form_Click()
        MsgBox Str(123 + 456)
    End Sub
    ```
    A. "579"　　　B. 579　　　C. 123+456　　　D. 显示出错信息
14. 假定有以下当型循环：
    ```
    Do While Not 条件
        循环体
    Loop
    ```
    则执行循环体的"条件"是（   ）。
    A. True　　　B. 1　　　C. False　　　D. -1

15. 关于条件语句 If...Then...Else...End If 的说明中正确的是（　　）。
    A. If 后的条件只能是关系表达式或逻辑表达式
    B. Else 子句不是可选项
    C. Then 后面和 Else 后面只能有一个 Visual Basic 语句
    D. Then 后面和 Else 后面可以有多个 Visual Basic 语句
16. 下列程序段执行后，输出结果为（　　）。
    ```
    Private Sub Form_Click()
        a = "abcde": b = "cdefg"
        c = Right(a, 3): d = Mid(b, 2, 3)
        If c < d Then y = c + d Else y = d + c
        Print y
    End Sub
    ```
    A. cdebcd　　　　B. abcdef　　　　C. cdedef　　　　D. cdeefg
17. 根据下面程序段，判断输出结果。
    ```
    Private Sub Form_Click()
        Dim a As Integer, b As Integer, x As Integer
        a = InputBox("a=?")
        b = InputBox("b=?")
        x = a + b
        If a > b Then x = a - b
        Print x
    End Sub
    ```
    运行时从键盘输入 3 和 4，输出 X 的值是（　　）。
    A. 3　　　　　　B. 5　　　　　　C. 7　　　　　　D. 9
18. 下面的程序求两个数的大数，不正确的是（　　）。
    A. Max=IIf(x>y,x,y)　　　　　　B. If x>y Then Max=x Else Max=y
    C. Max=x　　　　　　　　　　　D. If y>=x Then Max=y
       If y>=x then Max=y　　　　　　　　Max=x
19. 执行下列程序段后，变量 x 的值为（　　）。
    ```
    Private Sub Form_Click()
        x = -3
        If Abs(x) <= 2 Then x = x - 1 Else x = x + 8
        Select Case x
          Case Is < 5
            x = x + 1
          Case 6, 7, 8
            x = x + 2
          Case 5 To 10
            x = x + 3
          Case Else
            x = x + 4
        End Select
        Print x
    End Sub
    ```
    A. 5　　　　　　B. 6　　　　　　C. 7　　　　　　D. 8

20. 下面程序中:
    ```
    Private Sub Form_Click()
      k = 2
      If k >= 1 Then a = 3
      If k >= 2 Then a = 2
      If k >= 3 Then a = 1
      Print a
    End Sub
    ```
    运行时, 输出的结果是(   )。
    A. 1   B. 2   C. 3   D. 出错

21. 下列程序段显示的结果是(   )。
    ```
    Private Sub Form_Click()
      Dim x
      x = Int(Rnd + 5)
      Select Case x
      Case 5
        Print "优秀"
      Case 4
        Print "良好"
      Case 3
        Print "通过"
      Case Else
        Print "不通过"
      End Select
    End Sub
    ```
    A. 优秀   B. 良好   C. 通过   D. 不通过

22. 下面程序:
    ```
    Private Sub Form_Click()
      For j = 1 To 15
        a = a + j Mod 3
      Next j
      Print a
    End Sub
    ```
    运行后输出的结果是(   )。
    A. 1   B. 15   C. 90   D. 120

23. 下列程序段显示的结果是(   )。
    ```
    Private Sub Form_Click()
      e = 1: f = 1
      For i = 1 To 3
        e = e + f: f = f + e
      Next i
      Print e; f
    End Sub
    ```
    A. 13 21   B. 34 55   C. 6 6   D. 5 8

24. 下列程序段显示的结果是（   ）。
    ```
    Private Sub Form_Click()
        a = 2: b = 1
        Do While b < 10
            b = 2 * a + b
        Loop
        Print b
    End Sub
    ```
    A. 33   B. 13   C. 17   D. 21

25. 下面程序代码所计算的数学式是（   ）。
    ```
    Private Sub Form_Click()
        s = 1: i = 2
        Do While i < 1000
            s = s + i
            i = i + 2
        Loop
        Print "s="; s
    End Sub
    ```
    A. s=2+4+6+…+998   B. s=2+4+6+…+1000
    C. s=1+2+4+6+…+998   D. s=1+2+4+6+…+1000

26. 下面各种循环结构中，输出"*"个数最少的循环是（   ）。
    A.
    ```
    Private Sub Form_Click()
        a = 3: b = 8
        Do
            Print "*"
            a = a + 1
        Loop While a < b
    End Sub
    ```
    B.
    ```
    Private Sub Form_Click()
        a = 3: b = 8
        Do
            Print "*"
            a = a + 1
        Loop Until a < b
    End Sub
    ```
    C.
    ```
    Private Sub Form_Click()
        a = 3: b = 8
        Do Until a - b
            Print "*"
            b = b - 1
        Loop
    End Sub
    ```
    D.
    ```
    Private Sub Form_Click()
        a = 3: b = 8
        Do While a - b
            Print "*"
            b = b - 1
        Loop
    End Sub
    ```

27. 下面的程序运行结果是（   ）。
    ```
    Private Sub Form_Click()
        b = 1
        a = 2
        Do While b < 10
            b = 2 * a + b
        Loop
        Print b
    End Sub
    ```
    A. 13   B. 17   C. 11   D. 9

28. For…Next 循环结构中，循环控制变量的步长为 0，则（　　）。
    A. 形成无限循环　　　　　　B. 循环体执行一次后结束循环
    C. 语法错误　　　　　　　　D. 循环体不执行即结束循环
29. 下面程序执行时，单击窗体后输出的结果是（　　）。
```
Private Sub Form_Click()
    Dim x As Integer
    x = 4
    Do
        Print x;
        x = x - 1
    Loop While Not x
End Sub
```
    A. 4　　　　　　　　　　　　B. 4 3 2 1 0
    C. 出现语法错误的信息　　　　D. 没有运行结果，陷入死循环
30. 程序执行时，单击窗体后输出结果为（　　）。
```
Private Sub Form_Click()
    Dim m As Integer
    m = 4
    Do
        Print m;
        m = m - 1
    Loop While Not m
End Sub
```
    A. 4　　　　　　　　　　　　B. 4 3 2 1 0
    C. 出现语法错误的信息　　　　D. 陷入死循环
31. 下列关于循环控制结构的使用说明，正确的是（　　）。
    A. For…Next 循环嵌套时，不能共同使用同一个终端语句
    B. 任何一种循环都必须有起始语句和终端语句
    C. 不能用 Do While 语句设计出确定循环次数的循环
    D. 循环体没有执行完毕，不能在中途结束循环
32. 以下正确的 For…Next 结构是（　　）。
    A. For i=1 to Step 10　　　　　B. For i=3 to -3 step -3
           …　　　　　　　　　　　　　　　　　…
       Next i　　　　　　　　　　　　　　Next i
    C. For i=1 to 10 step 0　　　　D. For i=3 to 10 step 3
           …　　　　　　　　　　　　　　　　　…
       Next i　　　　　　　　　　　　　　Next j
33. 若有如下程序：
```
Private Sub Form_Click()
    a$ = "123456"
    b$ = "abcde"
    For j = 1 To 5
        c$ = c$ + Left$(a$, 1) + Right$(b$, 1)
    Next j
    Print c$
End Sub
```

运行后输出的结果是（　　）。

A. a1b2c3d4e5　　B. a1b2c34d5e　　C. e1d2c3b4a5　　D. 1e1e1e1e1e

34. 在窗体上画 1 个名称为 Text1 的文本框和 1 个名称为 Command1 的命令按钮，然后编写如下事件过程：

```
Private Sub Command1_Click()
    Dim i As Integer, n As Integer
    For j = 0 To 50
        i = i + 3
        n = n + 1
        If i > 10 Then Exit For
    Next j
    Text1.Text = Str(n)
End Sub
```

程序运行后，单击命令按钮，在文本框中显示的值是（　　）。

A. 2　　　　　　B. 3　　　　　　C. 4　　　　　　D. 5

35. 下面程序代码的功能是（　　）。

```
Private Sub Form_Click()
    a$ = Text1.Text
    s$ = ""
    For k = 1 To Len(a$)
        s$ = UCase$(Mid$(a$, k, 1)) + s$
        fns$ = s$
        Text1.Text = s$
    Next k
End Sub
```

A. 返回原字符串

B. 返回把字母全部转换为大写后的原字符串

C. 返回把字母全部转换为大写后的逆序字符串

D. 返回逆序字符串

36. 若有如下程序，运行后输出结果为（　　）。

```
Private Sub Form_Click()
    For x = 3 To 1 Step -1
        y$ = String$(x, "#")
        Print x; y$
    Next x
End Sub
```

A. 1#　　　　　　B. 1#　　　　　　C. 3#　　　　　　D. 3###
　 2##　　　　　　 2#　　　　　　 2##　　　　　　 2##
　 3###　　　　　 3#　　　　　　 1###　　　　　　 1#

37. 下列程序的执行结果为（　　）。

```
Private Sub Form_Click()
    a = 3
    b = 1
    For i = 1 To 3
        f = a + b
```

```
        a = b
        b = f
        Print f;
    Next i
End Sub
```
   A. 4 3 6   B. 4 5 9   C. 6 3 4   D. 7 2 8

38. 下面的程序：
```
Private Sub Form_Click()
    For j = 1 To 20
        a = a + j \ 7
    Next j
    Print a
End Sub
```
在运行时输出 a 的值是（　　）。
   A. 21   B. 41   C. 63   D. 210

39. 若有如下程序：
```
Private Sub Form_Click()
    For i = 1 To 4
        For j = 0 To i
            Print Chr$(65 + i);
        Next j
        Print
    Next i
End Sub
```
程序运行后，如果单击命令按钮，则在窗体上显示的内容是（　　）。

A. BB	B. A	C. B	D. AA
CCC	BB	CC	BBB
DDDD	CCC	DDD	CCCC
EEEEE	DDDD	EEEE	DDDDD

40. 若有如下程序：
```
Private Sub Form_Click()
    For j = 1 To 3
        Print Tab(3 * j); 2 * (j - 1) * 2 * (j - 1)
    Next j
    Print
End Sub
```
程序运行后，输出结果是（　　）。

A. 0
   4
   16

B. 0 4 16

C. 0
   4
   16

D. 0   4   16

41. 下面循环体执行的次数是（　　）。
```
Private Sub Form_Click()
    x = 0: y = 1
    Do While x <= y + 1
        Print x;
        x = x + 2: y = y - 1
    Loop
End Sub
```
A. 0次　　　B. 1次　　　C. 2次　　　D. 3次

42. 若已执行定义语句：dim a as Integer ,b as Integer，则不合法的多分支选择结构语句是（　　）。

A. ```
Select case a
    Case 1.0
        Print "*"
    Case 2.0
        Print "##"
End select
```
B. ```
Select case a
    Case 1
        Print "*"
    Case2
        Print "##"
End select
```
C. ```
Select case b
    Case 1
        Print "*"
    Case 1+2
        Print "##"
End select
```
D. ```
Select case a+b
    Case a
        Print "*"
    Case b
        Print "##"
End select
```

43. 下列循环控制结构出现错误的是（　　）。

A. ```
For I=1 to 100
    S=s+1
    If s>100 Then Exit For
Next I
```
B. ```
Do While I<100
    S=s+I : I=I+1
    If s>100 Then Exit While
loop
```
C. ```
Do
    S=s+I : I=I+1
    If s>100 Then Exit Do
Loop While I<100
```
D. ```
Do While I<100
    S=S+I : I=I+1
    If s>100 Then Exit Do
Loop
```

44. 以下循环体执行的次数是（　　）。
```
I=0 : j=1
Do While I<=j+1
    Print I;
    I=I+2: j=j-1
Loop
```
A. 3次　　　B. 2次　　　C. 1次　　　D. 0次

45. 下列多行结构条件语句正确的是（　　）。

A. ```
If x>a Then Print "x>a"
ElseIf x>b Then Print "x>b"
Else Print "x<=a , x<=b"
End if
```
B. ```
If x>a
    Print "x>a"
ElseIf x>b Then
    Print "x>b"
End If
```

C. If x>a Then
       Print "x>a"
   Else If x>b Then
       Print "x>b"
   End If

D. If x>a Then
       Print "x>a"
   ElseIf x>b Then
       Print "x>b"
   End If

46. 若有如下程序：
```
Private Sub Form_Click()
    x = 10
    Do Until x = -1
        y = Val(InputBox("请输入 y 的值: "))
        x = Val(InputBox("请输入 x 的值: "))
        y = y * x
    Loop
    Print y
End Sub
```
当程序运行后，依次输入 30,20,10,-1，则输出结果为（　　）。

A. 6000　　　　B. -6000　　　　C. 200　　　　D. -10

47. 运行下列程序段后，输出的"*"个数是（　　）。
```
Private Sub Form_Click()
    For i = 1 To 2
        For j = 0 To i - 1
            Print "*"
        Next j
    Next i
End Sub
```
A. 1　　　　　B. 2　　　　　　C. 3　　　　　D. 4

48. 以下程序段的运行结果是（　　）。
```
Private Sub Form_Click()
    For i = 4 To 1 Step -1
        For j = 1 To 5 - i
            Print Tab(j + 3); "*";
        Next j
    Next i
End Sub
```
A. ****　　　B. ****　　　C. *　　　　D. *
   ***   ***   **   **
   **   **   ***   ****
   *   *   ****   ******

49. 以下程序的运行结果是（　　）。
```
Private Sub Form_Click()
    For i = 1 To 4
        m = 0
        For j = i To 4
            m = m + 1
        Next j
    Next i
    Print m
End Sub
```

A. 8　　　　　B. 4　　　　　C. 1　　　　　D. 12

50. 下列程序的运行结果是（　　）。
```
Private Sub Form_Click()
    s = 0: t = 0: u = 0
    For i = 1 To 3
        For j = 1 To i
            For k = j To 3
                s = s + 1
            Next k
            t = t + 1
        Next j
        u = u + 1
    Next i
    Print s; t; u
End Sub
```
A. 3　6　14　　B. 14　6　3　　C. 14　3　6　　D. 16　4　3

51. 下列程序段的运行结果为（　　）。
```
Private Sub Form_Click()
    x = 0
    For j = 1 To 2
        For i = 1 To 3
            x = i + 1
        Next i
        For i = 1 To 7
            x = x + 1
        Next i
    Next j
    Print x
End Sub
```
A. 11　　　　　B. 6　　　　　C. 10　　　　　D. 16

52. 若有如下程序：
```
Private Sub Form_Click()
    x = -5
    S = InputBox("input value of s:")
    Select Case x
        Case x
            y = x + 1
        Case Is = 0
            y = x + 2
        Case Else
            y = x + 3
    End Select
    Print x; y
End Sub
```
运行时，从键盘输入-5，则输出的结果是（　　）。
A. -5　-2　　　B. -5　-4　　　C. -5　-3　　　D. -5　-5

53. 若有如下程序：
    ```
    Private Sub Form_Click()
        a$ = "169445876"
        d$ = Left$(a$, 1)
        For i = 2 To Len(a$)
            z$ = Mid$(a$, i, 1)
            If z$ > d$ Then d$ = z$
        Next i
        Print d$
    End Sub
    ```
    运行后，输出结果是（   ）。
    A. 5   B. 1   C. 6   D. 9

54. 下列程序段的执行结果为（   ）。
    ```
    Private Sub Form_Click()
        x = 0
        For i = 0 To 1
            x = x + 1
            For j = 0 To 3
                If Not (j Mod 2) Then x = x + 1
            Next j
        Next i
        Print "x="; x
    End Sub
    ```
    A. x=6   B. x=10   C. x=12   D. x=8

55. 执行下列程序后，其结果为（   ）。
    ```
    Private Sub Form_Click()
        For i1 = 0 To 4
            x = 20
            For i2 = 0 To 3
                x = 10
                For i3 = 0 To 2
                    x = x + 10
                Next i3
            Next i2
        Next i1
        Print "x="; x
    End Sub
    ```
    A. x=10   B. x=40   C. x=60   D. x=90

二、填空题

1. MsgBox()函数返回值的类型是＿＿（1）＿＿，InputBox()函数返回值的类型是＿＿（2）＿＿。
2. VB 提供了结构化程序设计的 3 种基本结构，分别是＿＿（1）＿＿、＿＿（2）＿＿和＿＿（3）＿＿。
3. 要使下列 For 语句循环执行 20 次，循环变量的初值是：
   For k=＿＿＿＿＿ to -5 step -2
4. 执行下面的程序段后，s 的值为＿＿＿＿＿＿。
   ```
   Private Sub Form_Click()
   ```

```
        s = 5
        For i = 2.6 To 4.9 Step 0.6
            s = s + 1
        Next i
        Print s
    End Sub
```

5. 下列程序段的运行结果是_____。

```
    Private Sub Form_Click()
        For i = 10 To 20
            For j = 2 To i - 1
                If i Mod j = 0 Then Exit For
            Next j
            If j >= i Then Print i;
        Next i
    End Sub
```

6. 下列程序段的运行结果是_____。

```
    Private Sub Form_Click()
        Dim x
        If x Then Print x Else Print x + 1
    End Sub
```

7. 下列程序段的运行结果是_____。

```
    Private Sub Form_Click()
        Dim x
        x = Int(Rnd) + 3
        If x ^ 2 > 8 Then y = x ^ 2 + 1
        If x ^ 2 = 9 Then y = x ^ 2 - 2
        If x ^ 2 < 8 Then y = x ^ 3
        Print y
    End Sub
```

8. 以下是一个歌唱比赛评分程序，20位评委，去掉一个最高分，去掉一个最低分，计算平均分（设满分为10分）。请在横线处填入适当的代码。

```
    Private Sub Form_Click()
        Max = 0
        Min = 10
        For i = 1 To 20
            n = Val(InputBox("请输入分数"))
            If   (1)    Then Max = n
            If   (2)    Then Min = n
            s = s + n
        Next i
           (3)
        p = s / 18
        Print "最高分: "; Max, "最低分: "; Min
        Print "最后得分: "; p
    End Sub
```

9. 以下程序要求输入任意长度的字符串，然后将字符串的顺序倒置输出。例如，输入"apple"，输出为"elppa"。请在横线处填入适当的代码。

```
Private Sub Form_Click()
    Dim a As String, i As Integer, c As String, d As String, n As Integer
    a = InputBox("请输入字符串")
    Print a,
    n = ___(1)___
    For i = 1 To____(2)____
        c = Mid(a, i, 1)
        Mid(a, i, 1) = ___(3)___
        ___(4)___ = c
    Next i
    Print a
End Sub
```

10. 以下程序的功能是：生成 20 个 200~300 之间的随机整数，输出其中能被 5 整除的数并求出它们的和。请在横线处填入适当的代码。

```
Private Sub Form_Click()
    For i = 1 To 20
        x = Int( ___(1)___ + 200)
        If ___(2)___ = 0 Then
            Print x
            s = s + ___(3)___
        End If
    Next i
    Print
    Print "其中能被 5 整除的数的和为: "; s
End Sub
```

习题五 数　组

一、单选题

1. 下列数组声明语句正确的是（　　）。
   A. Dim a［2,4］As Integer　　　B. Dim a(2,4)As Integer
   C. Dim a(n,n)As Integer　　　D. Dim a(2 4)As Integer

2. 要分配存放三行三列矩阵的数据，可使用（　　）数组声明语句来实现（不能浪费空间）。
   A. Dim x(9)As Single
   B. Dim x(3,3)As Single
   C. Dim x(-1 to 1,-5 to -3)As Single
   D. Dim x(-3 to -1,5 to 7)As Integer

3. 下面数组声明语句中，数组包含元素个数为（　　）。
   Dim a(-2 to 2,5)
   A. 120　　　　　B. 30　　　　　C. 60　　　　　D. 20

4. 下面程序的输出结果是（　　）。
   ```
   Dim a
   a = Array(1,2,3,4,5,6,7)
   For i = Lbound(A) to Ubound(A)
       A(i) = a(i) * a(i)
   Next i
   Print a(i)
   ```
   A. 36　　　　　B. 程序出错　　　　　C. 49　　　　　D. 不确定

5. 下面程序的输出结果是（　　）。
   ```
   Option Base 1
   Private Sub Command1_Click()
       Dim a%(3, 3)
       For i = 1 To 3
           For j = 1 To 3
               If j > 1 And i > 1 Then
                   A(i, j) = a(a(i - 1,j - 1), a(i,j - 1)) + 1
               Else
                   A(i,j) = i * j
               End If
               Print a(i,j);
           Next j
   ```

```
        Print
    Next i
End Sub
```
A. 1 2 3　　　　　B. 1 2 3　　　　　C. 1 2 3　　　　　D. 1 2 3
　　2 3 1　　　　　　 1 2 3　　　　　　 2 4 6　　　　　　 2 2 2
　　3 2 3　　　　　　 1 2 3　　　　　　 3 6 9　　　　　　 3 3 3

6. 以下定义数组或给数组元素赋值的语句中，正确的是（　　）。

A. Dim a As Variant
　　a = Array(1,2,3,4,5)

B. Dim a(10) As Integer
　　a = Array(1,2,3,4,5)

C. Dim a%(10)
　　a(1)="ABCDE"

D. Dim a(3),b(3) As Integer
　　a(0) = 0
　　a(1) = 1
　　a(2) = 2
　　b = a

7. 设有如下的记录类型
```
Type Student
    number As String
    name As String
    age As Integer
End Type
```
则正确引用该记录类型变量的代码是（　　）。

A. Student.name = "张红"

B. Dim s As Student
　　s.name = "张红"

C. Dim s As Type Student
　　s.name = "张红"

D. Dim s As Type
　　s.name = "张红"

8. 在窗体上画一个命令按钮（其 Name 属性为 Command1），然后编写如下代码：
```
Option Base 1
Private Sub Command1_Click()
    Dim a
    s = 0
    a = Array(1, 2, 3, 4)
    j = 1
    For i = 4 To 1 Step -1
        s = s + a(i) * j
        j = j * 10
    Next i
    Print s
End Sub
```
运行上面的程序，单击命令按钮，其输出结果是（　　）。

A. 4321　　　　　B. 1234　　　　　C. 34　　　　　D. 12

9. 执行以下 Command1 的 Click 事件过程在窗体上显示（　　）。
```
Option Base 0
Private Sub Command1_Click( )
    Dim a
    a=Array("a","b","c","d","e","f","g")
    Print a(1);a(3);a(5)
End Sub
```

A. abc   B. bdf
C. ace   D. 无法输出结果

10. 在窗体上画一个名称为 Command1 的命令按钮，然后编写如下事件过程：
```
Option Base 1
Private Sub Command1_Click()
    Dim a
    a = Array(1, 2, 3, 4, 5)
    For i = 1 To UBound(A)
       a(i) = a(i) + i - 1
    Next
    Print a(3)
End Sub
```
程序运行后，单击命令按钮，则在窗体上显示的内容是（   ）。
A. 4   B. 5   C. 6   D. 7

11. 在窗体上画一个命令按钮，其名称为 Command1，然后编写如下事件过程：
```
Private Sub Command1_Click()
    Dim M(10), N(10)
    I = 3
    For T = 1 To 5
       M(T) = T
       N(I) = 2 * I + T
    Next T
    Print N(I); M(I)
End Sub
```
窗体运行后，单击命令按钮，输出结果为（   ）。
A. 3 11   B. 3 15
C. 11 3   D. 15 3

12. 下列程序段的执行结果为（   ）。
```
Dim M(10)
For I = 0 To 9
   M(I) = 2 * I
Next I
Print M(M(3))
```
A. 12   B. 6   C. 0   D. 4

13. 设有如下程序：
```
Option Base 0
Prvate Sub Form_Click()
    Dim a
    Dim i As Integer
    a = Array(1,2,3,4,5,6,7,8,9)
    For i = 0 To 3
       Print a(5 - i);
    Next
End Sub
```
程序运行后，单击窗体，则在窗体上显示的是（   ）。

A. 4 3 2 1　　　B. 5 4 3 2　　　C. 6 5 4 3　　　D. 7 6 5 4

14. 在窗体上面画一个命令按钮，其名称为 Command1，然后编写如下事件过程：
```
Private Sub Command1_Click()
    Dim a1(4,4),a2(4,4)
    For I = 1 to 4
        For j = 1 To 4
            a1(I, j) = I + j
            a2(I, j) = a1(I, j) + I + j
        Next j
    Next I
    Print a1(3, 3);a2(3, 3)
End Sub
```
程序运行后，单击命令按钮，在窗体上输出的是（　　）。
　　A. 6 6　　　　B. 10 5　　　　C. 7 21　　　　D. 6 12

15. 有以下程序：
```
Option Base 1
Dim arr() As Integer
Private Sub Form_Click()
    Dim i As Integer, j As Integer
    ReDim arr(3, 2)
    For i = 1 To 3
        For j = 1 To 2
            arr(i,j)= i * 2 + j
        Next j
    Next i
    ReDim Preserve arr(3, 4)
    For j = 3 To 4
        arr(3,j) = j + 9
    Next j
    Print arr(3, 2);arr(3, 4)
End Sub
```
程序运行后，单击窗体，输出结果为（　　）。
　　A. 8 13　　　　B. 0 13　　　　C. 7 12　　　　D. 0 0

16. 在窗体上画一个命令按钮，名称为 Command1，然后编写如下代码：
```
Option Base 0
Private Sub Command1_Click()
    Dim A(4) As Integer, B(4) As Integer
    For k = 0 To 2
        A(k + 1) = InputBox("请输入一个整数")
        B(3 - k) = A(k + 1)
    Next k
    Print B(k)
End Sub
```
程序运行后，单击命令按钮，在输入对话框中分别输入 2、4、6，输出结果为（　　）。
　　A. 0　　　　B. 2　　　　C. 3　　　　D. 4

17. 在窗体上画一个命令按钮，然后编写如下事件过程：
```
Private Sub Command1_click()
    Dim a(5)as String
    For i = 1 to 5
        a(i) = Chr (Asc("A") + (i - 1))
    Next i
    For Each b in a
        Print b;
    Next
End Sub
```
程序运行后，单击命令按钮，输出结果是（　　）。

A. ABCDE　　　B. 12345　　　C. abcde　　　D. 出错信息

18. 下面叙述中不正确的是（　　）。

A. 自定义类型只能在窗体模块的通用声明段进行声明

B. 自定义类型中的元素类型可以是系统提供的基本数据类型或已声明的自定义类型

C. 在窗体模块中定义自定义类型时必须使用 Private 关键字

D. 自定义类型必须在窗体模块或标准模块的通用声明段进行声明

19. 在设定 Option Base 0 后，经 Dim arr(3,4)As Integer 定义的数组 arr 含有的元素个数为（　　）。

A. 12　　　B. 20　　　C. 16　　　D. 9

20. 用下面语句定义的数组的元素个数是（　　）。
```
Dim A (-3 To 5) As Integer
```
A. 6　　　B. 7　　　C. 8　　　D. 9

21. 有如下程序代码，输出结果是（　　）。
```
Dim a()
a=Array(1,2,3,4,5)
for i=Lbound(A) to Ubound(A)
    print a(i);
next I
```
A. 12345　　　B. 01234　　　C. 54321　　　D. 43210

22. 窗体上已有命令按钮 Command1 和标签 Label1，下列程序运行后，单击 Command1 按钮，标签 Label1 中显示的内容是（　　）。
```
Option base 0
Private Sub Command1_Click()
    Dim a(5) As Integer, n As Integer
    For i = 1 To 5
        a(i) = i
        n = n + a(i)
    Next i
    Label1 = n
End Sub
```
A. 5　　　　　　　　　　　　　　　B. 10

C. 15　　　　　　　　　　　　　　　D. 程序报错，Label1 不能输出结果

23. 在窗体上画一个名称为 Label1 的标签，然后编写如下事件过程（　　）。
```
Private Sub Form_Click()
    Dim arr(10, 10) As Integer
    Dim i As Integer, j As Integer
    For i = 2 To 4
        For j = 2 To 4
            arr(i, j) = i * j
        Next j
    Next i
    Label1.Caption = Str(arr(2, 2) + arr(3, 3))
End Sub
```
程序运行后，单击窗体，在标签中显示的内容是（　　）。
A. 12　　　　　B. 13　　　　　C. 14　　　　　D. 15

24. 设有如下程序，其功能是用 Array 函数建立一个含有 8 个元素的数组，然后查找并输出该数组中的最小值，程序空白处应为（　　）。
```
Option Base 1
Private Sub Command1_Click()
    Dim arr1
    Dim Min As Integer, i As Integer
    arr1 = Array(12, 435, 76, -24, 78, 54, 866, 43)
    Min = _____
    For i = 2 To 8
        If arr1(i) < in Then Min = arr1(i)
    Next i
    Print "最小值是:"; Min
End Sub
```
A. -24　　　　B. 886　　　　C. arr1（1）　　　D. arr1（0）

25. 以下程序的输出结果是（　　）。
```
Option Base 1
Private Sub Command1_Click()
    Dim a(10),p(3) As Integer
    k = 5
    For i = 1 To 10
        a(i) = I
    Next i
    For i = 1 To 3
        p(i) = a(i * i)
    Next I
    For i = 1 To 3
        k = k + p(i) * 2
    Next i
    Print k
End sub
```
A. 33　　　　　B. 28　　　　　C. 35　　　　　D. 37

26. 以下程序段运行的结果是（　　）。
```
Dim a(-1 To 5)As Boolean
Dim flag As Boolean
```

```
flag=false
Dim i As Integer
Dim j As Integer
Do Until flag=True
    For i = -1 to 5
    j = j + 1
    If a(i) = False Then
        a(i) = True
        Exit For
    End If
    If i = 5 Then
        flag = True
    End If
    Next
Loop
Print j
```

  A. 20   B. 7   C. 35   D. 8

27. 以下有关数组定义的语句序列中，错误的是（   ）。

  A. `Static arr1(3)`   B. `Dim arr2() As Integer`
```
   Arr1(1) = 100              Dim size As Integer
   Arr1(2) = "Hello"          Private Sub Command2_Click()
   Arr1(3) = 123.45               size = InputBox("输入:")
                                  ReDim arr2(size)
                                  ...
                              End Sub
```

  C. `Option Base 1`   D. `Dim n As Integer`
```
   Private Sub Command3_Click()    Private Sub Command4_Click()
       Dim arr3() As Integer           Dim arr4(n) As Integer
       ...                             ...
   End Sub                         End Sub
```

28. 下述语句定义的数组元素有（   ）个。
```
OPTION BASE 1
DIM A(12,8)
```
  A. 117   B. 128   C. 96   D. 20

29. 下列程序段的执行结果为（   ）。
```
Dim A(10,10)
For I = 1 To 8
    For J = 6 To 8
        A(I,J) = I * J
    Next J
Next I
Print A(4,6) + A(3,8) + A(8,7)
```
  A. 104   B. 114   C. 无法输出   D. 报错溢出

30. 阅读程序
```
Option Base 1
Private Sub Form_Click()
    Dim arr, Sum
```

```
        Sum = 0
        arr = Array(1,3,5,7,9,11,13,15,17,19)
        For i = 1 To 10
            If arr(i) / 3 = arr(i) \ 3 Then
                Sum = Sum + arr(i)
            End If
        Next i
        Print Sum
    End Sub
```
   程序运行后，单击窗体，输出结果为（   ）。
   A. 13   B. 14   C. 27   D. 15

31. 在窗体上画 1 个名称为 Text1 的文本框和 1 个名称为 Command1 的命令按钮，然后编写如下事件过程：
```
    Private Sub Command1_Click()
        Dim array1(10,10) As Integer
        Dim i As Integer,j As integer
        For i = 1 To 3
            For j = 2 To 4
                array1(i,j) = i + j
            Next j
        Next i
        Text1.Text = array1(2,3) + array1(3,4)
    End Sub
```
   程序运行后，单击命令按钮，在文本框中显示的值是（   ）。
   A. 15   B. 14   C. 13   D. 12

32. 窗体上画 1 个命令按钮，其名称为 Command1，然后编写如下事件过程：
```
    Private Sub Command1_Click()
        Dim A(10), B(5)
        For I = 1 To 10
            A(I) = I
        Next I
        For J = 1 To 5
            B(J) = J * 20
        Next J
        A(5) = B(2)
        Print "A(5)=", A(5)
    End Sub
```
   窗体运行后，单击命令按钮，输出结果是（   ）。
   A. A(5)=40   B. A(5)=20   C. A(5)=10   D. A(5)=5

33. 在窗体上画一个命令按钮，名称为 Command1，然后编写如下事件过程：
```
    Option Base 0
    Private Sub Command1_Click()
        Dim city As Variant
        city = Array("北京","上海","天津","重庆")
        Print city(1)
    End Sub
```

程序运行后，如果单击命令按钮，则在窗体上显示的内容是（   ）。
A. 空白　　　　B. 错误提示　　　C. 北京　　　　D. 上海

34. 窗体上画一个命令按钮，其名称为Command1，然后编写如下事件过程：
```
Private Sub Command1_Click()
    Dim A(5, 5)
    For I = 1 To 3
        For J = 1 To 4
            A(I, J) = I * J
        Next J
    Next I
    For N = 1 To 2
        For M = 1 To 3
            Print A(M, N);
        Next M
    Next N
End Sub
```
窗体运行后，单击命令按钮，输入结果是（   ）。
A. 1 2 3 4 2 4　　B. 1 2 3 4 6 8　　C. 1 2 3 2 4 6　　D. 1 2 3 6 3 6

35. 设有命令按钮Command1的单击事件过程：
```
Private Sub Command1_Click()
    Dim a(3,3) AS Integer
    For i = 1 To 3
        For j = 1 To 3
            a(i,j) = i * j + i
        Next j
    Next i
    Sum = 0
    For i = 1 To 3
        Sum = Sum+a(i,4 - i)
    Next i
    Print Sum
End Sub
```
运行程序，单击命令按钮，输出结果是（   ）。
A. 20　　　　　B. 7　　　　　C. 16　　　　　D. 17

36. 在窗体上画1个名称为Command1的命令按钮，然后编写如下程序：
```
Option Base 1
Private Sub Command1_Click()
    Dim c As Integer,d As Integer
    d = 0
    c = 6
    x = Array(2,4,6,8,10,12)
    For i = 1 To 6
        If x(i) > c Then
            d = d + x(i)
        Else
            d = d - c
        End If
```

```
        Next i
        Print d
    End Sub
```
程序运行后，如果单击命令按钮，则在窗体上输出的内容为（   ）。
A. 10　　　　　　B. 16　　　　　　C. 12　　　　　　D. 20

37. 阅读程序：
```
Option Base 1
Dim arr() As Integer
Private Sub Form_Click()
    Dim i As Integer, j As Integer
    ReDim arr(3, 2)
    For i = 1 To 3
        For j = 1 To 2
            arr(i, j) = i * 2 + j
        Next j
    Next i
    ReDim Preserve arr(3, 4)
    For j = 3 To 4
        arr(3, j) = j + 9
    Next j
    Print arr(3, 2) + arr(3, 4)
End Sub
```
程序运行后，单击窗体，输出结果为
A. 21　　　　　　B. 13　　　　　　C. 8　　　　　　D. 25

38. 窗体中新建立1个命令按钮（Command1），其事件代码如下：
```
Private Sub Command1_Click()
    Dim a(4) As Integer, b(4) As Integer
    For K = 0 To 2
        a(K + 1) = Val(InputBox("请输入数据"))
        b(3 - K) = a(K + 1)
    Next K
    Print b(K)
End Sub
```
窗体运行后，单击命令按钮，依次输入1、3、5，执行结果为（   ）。
A. 0　　　　　　B. 1　　　　　　C. 3　　　　　　D. 5

39. 在窗体上画1个名称为Command1命令按钮，然后编写如下程序：
```
Private Sub Command1_Click()
    Dim i As Integer,j As Integer
    Dim a(10,10)As Integer
    For i=1 To 3
        For j = 1 To 3
            a(i,j) = (i - 1) * 3 + j
            Print a(i,j);
        Next
        Print
    Next i
End Sub
```

程序运行后,单击命令按钮,窗体上显示的是( )。

A. 1 2 3　　　B. 2 3 4　　　C. 1 4 7　　　D. 1 2 3
　 2 4 6　　　　 3 4 5　　　　 2 5 8　　　　 4 5 6
　 3 6 9　　　　 4 5 6　　　　 3 6 9　　　　 7 8 9

40. 对窗体编写如下代码:
```
Option Base 1
Private Sub Form_KeyPress(KeyAscii As Integer)
    a = Array(237,126,87,48,498)
    m1 = a(1)
    m2 = 1
    If KeyAscii = 13 Then
       For i = 2 To 5
           If a(i) > m1 Then
              m1 = a(i)
              m2 = i
           End If
       Next i
    End If
    Print m1
    Print m2
End Sub
```
程序运行后,按【Enter】键,输出结果为( )。

A. 48　　　　　B. 237　　　　C. 498　　　　D. 498
　 4　　　　　　 1　　　　　　 5　　　　　　 4

41. 由 Array 函数建立的数组,其变量必须是( )类型。

A. 整型　　　B. 字符串　　　C. 变体　　　D. 双精度

42. 若定义一维数组为:Dim a(N To M),则该数组的元素为( )个。

A. M−N　　　　　　　　　B. M−N+1
C. M*N　　　　　　　　　D. M+N

43. 下列语句中(假定变量 n 有值),能正确声明可调数组的是( )。

A. Dim a( ) As Integer　　　B. Dim a( ) As Integer
　 ReDim a(n)　　　　　　　　 ReDim a(n) As String
C. Dim a( ) As Integer　　　D. Dim a(10) As Integer
　 ReDim a(3,4)　　　　　　　 ReDim a(n + 10)
　 ReDim Preserve

44. 在窗体的通用声明段自定义了数据类型 Students,下列( )定义方式是正确的。

A. Private Type Students　　B. Type Students
　　 Name As String * 10　　　　 Name As String * 10
　　 Studno As Integer　　　　　 Studno As Integer
　 End Type　　　　　　　　　 End Students
C. Type Students　　　　　　D. Type Students
　　 Name String * 10　　　　　 Name As String * 10
　　 Studno Integer　　　　　　 Studno As Integer
　 End Type　　　　　　　　　 End Type

45. 以下程序的输出结果是（　　　）。
```
Option Base 1
Private Sub Command1_Click( )
    Dim a , b(3 ,3)
    A = Array(1,2,3,4,5,6,7,8,9)
    For i = 1 To 3
       For j = 1 To 3
          b(i, j) = a(i * j)
          if (j >= i) Then Print Tab(j * 3) ; Format(b(i, j) , "# # #") ;
       Next j
    Next i
End Sub
```
A. 1 2 3　　　　B. 1　　　　　　C. 1 4 7　　　　D. 1 2 3
　　4 5 6　　　　　　4 5　　　　　　　2 4 6　　　　　　4 6
　　7 8 9　　　　　　7 8 9　　　　　　3 6 9　　　　　　　9

二、填空题

1. 输出大小可变的正方形图案（见实验五图 5-2），最外圈是第一层，要求每层上用的数字与层数相同。
```
Option Base 1
Private Sub Form_Click()
    Dim a()
    n = InputBox("输入 n")
    ReDim a(n, n)
    For i = 1 To (n + 1) / 2
      For j = i To n - i + 1
         For k = i To n - i + 1
              (1)
         Next k
      Next j
    Next i
    For i = 1 To n
      For j = 1 To n
          (2)
      Next j
        (3)
    Next i
End Sub
```

2. 下面的程序是将输入的一个数插入到按递减的有序数列中，插入后使该序列仍有序。
```
Private Sub form_Click()
    Dim a, i%, n%, m%
    a = Array(19, 17, 15, 13, 11, 9, 7, 5, 3, 1)
    n = UBound(A)
    ReDim   (1)
    m = Val(InputBox("输入插入的数 n"))
    For i = UBound(A) - 1 To 0 Step -1
      If m >= a(i) Then
          (2)
```

```
            If i = 0 Then a(i) = m
            Else
                (3)
                Exit For
            End If
        Next i
        For i = 0 To UBound(A)
            Print a(i)
        Next i
    End Sub
```

3. 冒泡排序程序如下，请补充完整。

```
    Private Sub Form_Click()
        Dim a, i%, n%, j%
        a = Array(1, 5, 6, 4, 13, 23, 26, 31, 51)
        n = UBound(A)
        For i = 0 To n - 1
            For j = 0 To n - 1 - i
                If a(j) > a(j + 1) Then
                    (1)
                    (2)
                    a(j + 1) = t
                End If
            Next j
        Next i
        For i = 0 To UBound(A)
            Print a(i)
        Next i
    End Sub
```

4. 在窗体上画 1 个名称为"Command1"的命令按钮，然后编写如下事件过程：

```
    Private Sub Command1_Click()
        Dim a As String
        a = "123456789"
        For i = 1 To 5
            Print Space(6 - i); Mid$(a,____, 2 * i - 1)
        Next i
    End Sub
```

程序运行后，单击命令按钮，窗体上的输出结果是：

```
5
456
34567
2345678
123456789
```

请填空。

5. 以下程序段产生 100 个 1~4 之间的随机整数，并进行统计。数组元素 $S(i)(i=1, 2, 3, 4)$ 的值表示等于 i 的随机数的个数，要求输出如下格式：

S(1)=…
S(2)=…

```
S(3)=...
S(4)=...
```
将程序补充完整。
```
Dim S(4) As Integer
Randomize
For I = 1 To 100
    X = Int(Rnd * 4 + 1)
    S(X) = S(X) + 1
Next I
For I = 1 To 4
    _____
Next I
```

6. 以下程序代码将任意一组数存入数组，从键盘接收一个数据，将其插入数组中，插入的位置也从键盘接收。
```
Dim A( )
Private Sub Form_Click( )
    N = InputBox("数据个数:")
    N = N + 1
    &, nbsp; _____
    For I = 1 To N - 1
        A(I) = Val(InputBox("原数据:"))
    Next I
    D = Val(InputBox("插入的数据:"))
    P = Val(InputBox("插入的位置:"))
    Do While P > N Or P < 1
        MsgBox "位置越界!"
        P = Val(InputBox("插入的位置:"))
    Loop
    For I = N To P + 1 Step -1
        A(I) = A(I - 1)
    Next I
    A(P) = D
    For I = 1 To N
        Text1.Text = Text1.Text & Str(A(I))&""
    Next I
End Sub
```

7. 设在窗体上有 1 个文本框 Text1，1 个标签数组 Label1，共有 10 个标签，以下程序代码实现在单击任一个标签时将标签的内容添加到文本框现有内容之后。
```
Private Sub Label1_Click(Index As Integer)
    Text1.Text = _____
End Sub
```

8. 设工程中有 2 个窗体 Form1 和 Form2，1 个标准模块 Module1，设在 Form2 的代码中定义了以下过程：
```
Sub aaa(x,y,z)
    z = x ^ 2 + y ^ 2
End Sub
```
在 Mobule1 中定义了以下过程：

```
Sub bbb(x,y,z)
    z = x ^ 3 + y ^ 3
End Sub
```

在 Form1 中单击命令按钮 Command1 时，调用以上过程计算两个数的平方和与立方和。并分别将结果显示在文本框 Text3 和 Text4 中，请在以下程序段中写出相应的调用语句。

```
Private Sub Command1_Click( )
    a = val(Text1.Text)
    b = val(Text2.Text)
    Call   (1)
    Text3.Text = c1
      (2)
    Text4.Text = c2
End Sub
```

9. 设有如下程序
```
Private Sub Form_Click()
    Dim a As Integer, b As Integer
    a = 20 :b = 50
    P1 a, b
    p2 a, b
    p3 a, b
    Print "a = ";a,"b = ";b
End Sub
Sub p1(x As Integer, ByVal y As Integer)
    x = x + 10
    y = y + 20
End Sub
Sub p2(ByVal x As Integer, y As Integer)
    x = x + 10
    y = y + 20
End Sub
Sub p3(ByVal x As Integer, ByVal y As Integer)
    x = x + 10
    y = y + 20
End Sub
```
该程序运行后，单击窗体，则在窗体上显示的内容是：a = __(1)__ 和 b = __(2)__ 。

10. 设有程序
```
Option Base 1
Private Sub Command1_Click()
    Dim arr1,Max as Integer
    arr1 = Array(12,435,76,24,78,54,866,43)
      (1)   = arr1(1)
    For i = 1 To 8
        If arr1(i) > Max Then   (2)
    Next i
    Print "最大值是:";Max
End Sub
```

以上程序的功能是：用 Array 函数建立一个含有 8 个元素的数组，然后查找并输出该数组中元素的最大值。请填空。

11. 设有如下程序：
```
Option Base 1
Private Sub Command1_Click()
    Dim arr1
    Dim Min As Integer,i As Integer
    arr1 = Array(12,435,76,-24,78,54,866,43)
    Min =   (1)
    For i = 2 To 8
        If arr1(i) < Min Then   (2)
    Next i
    Print "最小值是:"; Min
End Sub
```
以上程序的功能是：用 Array 函数建立一个含有 8 个元素的数组，然后查找并输出该数组中各元素的最小值。请填空。

习题六　过　程

一、选择题

1. 若已定义的函数有返回值，则以下关于该函数调用的叙述中错误的是（　　）。
   A. 函数调用不可以作为独立的语句存在
   B. 函数调用可以作为一个函数的实参
   C. 函数调用可以出现在表达式中
   D. 函数调用可以作为一个函数的形参

2. 在窗体上画 1 个名称为 Command1 的命令按钮，然后编写如下通用过程和命令按钮的事件过程：
```
Private Function fun(ByVal m As Integer)
    If m Mod 2 = 0 Then
        fun = 2
    Else
        fun = 1
    End If
End Function
Private Sub Command1_Click()
    Dim i As Integer, s As Integer
    s = 0
    For i = 1 To 5
        s = s + fun(i)
    Next i
    Print s
End Sub
```
程序运行后，单击命令按钮，在窗体上显示的是（　　）。
A. 6　　　　　　B. 7　　　　　　C. 8　　　　　　D. 9

3. 设有如下通用过程：
```
Public Sub Fun(a() As Integer, x As Integer)
    For i = 1 To 5
        x = x + a(i)
    Next
End Sub
```
　　窗体上画 1 个名称为 Text1 的文本框和 1 个名称为 Command1 的命令按钮。然后编写如下的事件过程：
```
Private Sub Command1_Click()
    Dim arr(5) As Integer, n As Integer
```

```
        For i = 1 To 5
            arr(i) = i + i
        Next
        Fun arr, n
        Text1.Text = Str(n)
    End Sub
```
程序运行后，单击命令按钮，则在文本框中显示的内容是（　　）。
A. 30　　　　　　B. 25　　　　　　C. 20　　　　　　D. 15

4. 在窗体上画 1 个名称为 Command1 的命令按钮，然后编写如下事件过程：
```
    Private Sub Command1_Click()
        Static x As Integer
        Cls
        For i = 1 To 2
            Y= y + x
            X= x + 2
        Next i
        Print x, y
    End Sub
```
程序运行后，连续 3 次单击 Command1 按钮后，窗体上显示的是（　　）。
A. 4　2　　　　　B. 12　18　　　　C. 12　30　　　　D. 4　6

5. 在窗体上画 1 个名称为 Command1 的命令按钮，并编写如下程序：
```
    Private Sub Command1_Click()
        Dim x As Integer
        Static y As Integer
            x = 10
            y = 5
        Call f1(x, y)
        Print x, y
    End Sub
    Private Sub f1(x1 As Integer, y1 As Integer)
        x1 = x1 + 2
        y1 = y1 + 2
    End Sub
```
程序运行后，单击命令按钮，在窗体上显示内容是（　　）。
A. 10　5　　　　B. 12　5　　　　C. 10　7　　　　D. 12　7

6. 假定一个工程由 1 个窗体文件 Form1 和 2 个标准模块文件 Model1 及 Model2 组成。
Model1 代码如下：
```
Public x As Integer
Public y As Integer
Sub S1()
    x = 1
    S2
End Sub
Sub S2()
    y = 10
    Form1.Show
End Sub
```

Model2 代码如下:
```
Sub Main()
    S1
End Sub
```
其中 sub Main 被设置为启动过程。程序运行后,各模块的执行顺序是（　　）。

A. Form1→Model1→Model2　　　　B. Model1→Model2→Form1

C. Model2→Model1→Form1　　　　D. Model2→Form1→Model1

7. 以下关于函数过程的叙述中,正确的是（　　）。

A. 函数过程形参的类型与函数返回值的类型没有关系

B. 在函数过程中,过程的返回值可以有多个

C. 当数组作为函数过程的参数时,既能以传值方式传递,也能以传址方式传递

D. 如果不指明函数过程参数的类型,则该参数没有数据类型

8. 一个工程中含有窗体 Form1、Form2 和标准模块 Model1,如果在 Form1 中有语句:

`Public X As Integer`

在 Model1 中有语句:

`Public Y As Integer`

则以下叙述中正确的是（　　）。

A. 变量 X、Y 的作用域相同　　　　B. Y 的作用域是 Model1

C. 在 From1 中可以直接使用 X　　　D. 在 Form2 中可以直接使用 X 和 Y

9. 在窗体上画 1 个名称为 Text1 的文本框、1 个名称为 Command1 的命令按钮,然后编写如下事件过程和通用过程:

```
Private Sub Command1_Click()
    n = Val(Text1.Text)
    If n \ 2 = n / 2 Then
        f = f1(n)
    Else
        f = f2(n)
    End If
    Print f;n
End Sub
Public Function f1(ByRef x)
    x = x * x
    f1 = x + x
End Function
Public Function f2(ByVal x)
    x = x * x
    f2 = x + x + x
End Function
```

程序运行后,在文本框中输入 6,然后单击命令按钮,窗体上显示的是（　　）。

A. 72　　36　　　B. 108　　36　　　C. 72　　6　　　D. 108　　6

10. 以下描述中正确的是（　　）。

A. 标准模块中的任意过程都可以在整个工程范围内被调用

B. 在一个窗体模块中可以调用在其他窗体中被定义为 Public 的通用过程

C. 如果工程中包含 Sub Main 过程,则程序将首先执行该过程

D. 如果工程中不包含 Sub Main 过程,则程序一定首先执行第一个建立的窗体

11. 假定有以下函数过程:
```
Function Fun(S As String)As String
    Dim s1 As String
    For i = 1 To Len(S)
     s1 = UCase(Mid(S, i, 1)) + s1
    Next i
    Fun = s1
End Function
```
在窗体上画 1 个命令按钮,然后编写如下事件过程:
```
Private Sub Command1_Click()
    Dim Str1 As String, Str2 As String
    Str1 = InputBox("请输入一个字符串")
    Str2 = Fun(Str1)
    Print Str2
End Sub
```
程序运行后,单击命令按钮,如果在输入对话框中输入字符串"abcdefg",则单击"确定"按钮后在窗体上的输出结果为(　　)。

A. abcdefg　　　B. ABCDEFG　　　C. gfedcba　　　D. GFEDCBA

12. 在窗体上画 1 个名称为 Command1 的命令按钮,然后编写如下程序:
```
Private Sub Command1_Click()
    Static X As Integer
    Static Y As Integer
    Cls
    Y = 1
    Y = Y + 5
    X = 5 + X
    Print X, Y
End Sub
```
程序运行时,3 次单击命令按钮 Command1 后,窗体上显示的结果为(　　)。

A. 15　16　　　B. 15　6　　　C. 15　15　　　D. 5　6

13. 下列叙述中正确的是(　　)。

A. 在窗体的 Form_Load 事件过程中定义的变量是全局变量

B. 局部变量的作用域可以超出所定义的过程

C. 在某个 Sub 过程中定义的局部变量可与其他事件过程中定义的局部变量同名,但其作用域只限于该过程

D. 在调用过程时,所有局部变量被系统初始化为 0 或空字符串

14. 在窗体上画 1 个名称为 Command1 的命令按钮和 1 个名称为 Text1 的文本框,然后编写如下程序:
```
Private Sub Command1_Click()
    Dim x, y, z As Integer
```

```
            x = 5
            y = 7
            z = 0
            Text1.Text = ""
            Call P1(x, y, z)
            Text1.Text = Str(z)
         End Sub
         Sub P1(ByVal a As Integer, ByVal b As Integer, c As Integer)
            c = a + b
         End Sub
```
程序运行后，如果单击命令按钮，则在文本框中显示的内容是（　　）。
  A. 0   B. 12   C. Str(z)   D. 没有显示

15. 要想在过程调用后返回两个结果，下面的过程定义语句合法的是（　　）。
  A. Sub Procl(ByVal,n,ByVal m) B. Sub Procl(n,ByVal m)
  C. Sub Procl(n,m)   D. Sub Procl(ByVal n,m)

16. 通用过程可以通过选择"工具"菜单中的（　　）命令来建立。
  A. 添加过程 B. 通用过程 C. 添加窗体 D. 添加模块

17. 以下关于变量作用域的叙述中，正确的是（　　）。
  A. 窗体中凡被声明为 Private 的变量只能在某个指定的过程中使用
  B. 全局变量必须在标准模块中声明
  C. 模块级变量只能用 Private 关键字声明
  D. Static 类型变量的作用域是它所在的窗体或模块文件

18. 使用 Public Const 语句声明一个全局的符号常量时，该语句应放在（　　）。
  A. 过程中   B. 标准模块的通用声明段
  C. 窗体模块的通用声明段   D. 窗体模块或标准模块的通用声明段

19. 单击窗体时，下列程序代码的执行结果为（　　）。
```
         Private Sub Invert(ByVal xStr As String, yStr As String)
            Dim tempStr As String
            Dim I As Integer
            I = Len(xStr)
            Do While I >= 1
               tempStr = tempStr + Mid(xStr, I, 1)
                  I = I - 1
            Loop
            yStr = tempStr
         End Sub
         Private Sub Form_Click()
            Dim s1 As String,s2 As String
            s1 = "abcdef"
            Invert s1, s2
            Print s2
         End Sub
```
  A. abcdef B. afbecd C. fedcba D. defabc

20. 窗体中有 1 个命令按钮，窗体运行，单击一次命令按钮之后，下列程序代码的执行结果为（   ）。
```
Public Sub Proc(a() As Integer)
   Static i As Integer
   Do
      a(i) = a(i) + a(i + 1)
      i = i + 1
   Loop While i < 2
End Sub
Private Sub Command1_Click()
   Dim m As Integer, i As Integer, x(10) As Integer
   For i = 0 To 4: x(i) = i + 1: Next i
   For i = 0 To 2: Call Proc(x): Next i
   For i = 0 To 4: Print x(i);: Next i
End Sub
```
　　A. 3 4 7 5 6　　　　B. 1 2 3 4 5　　　　C. 3 5 7 9 5　　　　D. 1 2 3 5 7

21. 以下叙述中错误的是（   ）。
　　A. 一个工程中可以包含多个窗体文件
　　B. 在一个窗体文件中用 Private 定义的通用过程能被其他窗体调用
　　C. 在设计 VB 程序时，窗体、标准模块、类模块等需要分别保存为不同类型的磁盘文件
　　D. 全局变量必须在标准模块中定义

22. 一个工程中包含 2 个名称分别为 Form1、Form2 的窗体，1 个名称为 md1Func 的标准模块。假定在 Form1、Form2 和 md1Func 中分别建立了自定义过程，其定义格式为：
Form1 中定义的过程：
Private Sub frmFunction1()
　　　…
End Sub
Form2 中定义的过程：
Private Sub frmFunction2()
　　　…
End Sub
mdlFunc 中定义的过程：
Public Sub md1Function()
　　　…
End Sub
在调用上述过程的程序中，如果不指明窗体或模块的名称，则以下叙述中正确的是（   ）。
　　A. 上述 3 个过程都可以在工程中的任何窗体或模块中被调用
　　B. frmFunction2 和 mdlFunction 过程能够在工程中各个窗体或模块中被调用
　　C. 上述 3 个过程都只能在各自被定义的模块中调用
　　D. 只有 Md1Function 过程能够被工程中各个窗体或模块调用

23. 单击命令按钮时，下列程序代码的执行结果为（   ）。
```
Public Sub Procl(n As Integer, ByVal m As Integer)
   n = n Mod 10
   m = m \ 10
```

```
    End Sub
    Private Sub Command1_Click()
       Dim x As Integer, y As Integer
       x = 23 : y = 65
       Call Proc1(x, y)
       Print x; y
    End Sub
```
    A. 3 65　　　　B. 23 65　　　　C. 3 60　　　　D. 0 65

24. 假定已定义了1个过程 Sub Add(a As Single,b As Single)，则正确的调用语句是（　　）。

    A. Add 12,5　　　　　　　　B. Call(2*x,Add(1.57))
    C. Call Add x,y　　　　　　D. Call Add(12,12,x)

25. 单击窗体时，下列程序代码的执行结果为（　　）。
```
    Private Sub Form_Click( )
       Text 2
    End Sub
    Private Sub Text(x As Integer)
       x = x * 2 + 1
       If x<6 Then
          Call Text(x)
       End If
       x = x * 2 + 1
       Print x;
    End Sub
```
    A. 23 47　　　　B. 5 11　　　　C. 10 22　　　　D. 23 23

26. 设有如下通用过程：
```
    Public Function f(x As Integer)
       Dim y As Integer
       x = 20
       y = 2
       f = x * y
    End Function
```
    在窗体上画1个名称为Command1的命令按钮，然后编写如下事件过程：
```
    Private Sub Command1_Click()
       Static x As Integer
       x = 10
       y = 5
       y = f(x)
       Print x;y
    End Sub
```
    程序运行后，如果单击命令按钮，则在窗体上显示的内容是（　　）。

    A. 10 5　　　　B. 20 5　　　　C. 20 40　　　　D. 10 40

27. 设有如下通用过程：
```
    Public Sub Fun(a(), ByVal x As Integer)
       For i = 1 To 5
          x = x + a(i)
       Next
    End Sub
```

在窗体上画 1 个名称为 Text1 的文本框和 1 个名称为 Command1 的命令按钮，然后编写如下的事件过程：

```
Private Sub Command1_Click()
    Dim arr(5) As Variant
    For i = 1 To 5
        arr(i) = i
    Next i
    n = 10
    Call Fun(arr(),n)
    Text1.Text = n
End Sub
```

程序运行后，单击命令按钮，则在文本框中显示的内容是（　　）。

A. 10 　　　　　B. 15 　　　　　C. 25 　　　　　D. 24

28. 单击命令按钮时，下列程序代码的执行结果为（　　）。

```
Private Function FirProc(x As Integer,y As Integer,z As Integer)
    FirProc = 2 * x + y + 3 * z
End Function
Private Function SecProc(x As Integer,y As Integer,z As Integer)
    SecProc=FirProc(z, x, y) + x
End Function
Private Sub Command1_Click()
    Dim a As Integer,b As Integer,c As Integer
    A = 2 : b = 3 : c = 4
    Print SecProc(c, b, a)
End Sub
```

A. 21 　　　　　B. 19 　　　　　C. 17 　　　　　D. 34

29. 窗体中代码如下：

```
Private Sub Form_Click( )
    Dim x As Integer,y As Integer,z As Integer
    x = 1 : y = 2 : z = 3
    Call Procl(x, x, z)
    Call Procl(x, y, y)
End Sub
Private Sub Procl(x As Integer,y As Integer,z As Integer)
    x = 3 * z
    y = 2 * z
    z = x + y
    Print x; y; z
End Sub
```

窗体运行后，单击窗体，输出结果为（　　）。

A. 6 6 12　　　　B. 9 6 15　　　　C. 9 6 15　　　　D. 9 10 10
　　6 10 10　　　　　 6 5 10　　　　　 6 10 10　　　　　 9 10 15

30. 以下关于局部变量的叙述中错误的是（　　）。

A. 在过程中用 Dim 语句或 Static 语句声明的变量是局部变量

B. 局部变量的作用域是它所在的过程

C. 在过程中用 Static 语句声明的变量是静态局部变量

D. 过程执行完毕，该过程中用 Dim 或 Static 语句声明的变量即被释放

二、填空题

1. 在窗体上画 1 个名称为 Command1 的命令按钮，然后编写如下程序：

```
Option Base 1
Private Sub Command1_Click()
   Dim a(10) As Integer
   For i = 1 To 10
      a(i) = i
   Next
   Call swap(  (1)  )
   For i = 1 To 10
      Print a(i);
   Next i
End Sub
Sub swap(b() As Integer)
   n =   (2)
   For i = 1 To n / 2
      t = b(i)
      b(i) = b(n - i + 1)
      b(n - i + 1) = t
   Next
End Sub
```

上述程序的功能是，通过调用过程 swap，调换数组中数值的存放位置，即 a(1)与 a(10)的值互换，a(2)与 a(9)的值互换，…，a(5)与 a(6)的值互换。请填空。

2. 设工程中有 2 个窗体 Form1、Form2，1 个标准模块 Module1，设在 Form2 的代码中定义了以下过程：

```
Sub aaa(x,y,z)
   z = x ^ 2 + y ^ 2
End Sub
```

在 Mobule1 中定义了以下过程：

```
Sub bbb(x,y,z)
   z = x ^ 3 + y ^ 3
End Sub
```

在 Form1 中单击命令按钮 Command1 时，调用以上过程计算两个数的平方和与立方和。并分别将结果显示在文本框 Text3 和 Text4 中，请在以下程序段中写出相应的调用语句。

```
Private Sub Command1_Click()
    a = val(Text1.Text)
    b = val(Text2.Text)
    Call    (1)
    Text3.Text = c1
       (2)
    Text4.Text = c2
End Sub
```

3. 如果一个正数从高位到低位上的数字递减，则称此数为降序数。例如，96321、52 等都是降序数。本程序当单击命令按钮时从键盘输出一个正整数，调用 numDec1 过程判断输入的数是否是降序数，并在单击事件过程中输出判断结果。

```
Private Sub Command1_Click()
    Dim n As Long, flag As Boolean
    n = InputBox("请输入一个正整数")
    Call numDec1(n, flag)
    If _____ Then
        Print n; "是降序数"
    Else
        Print n; "不是降序数"
    End If
End Sub
Private Sub numDec1(n As Long, flag As Boolean)
    Dim x As String, i As Integer
    x = Trim(Str(n))
    For i = 1 To Len(x)
        If Mid(x, i, 1) < Mid(x, i + 1, 1) Then Exit For
    Next i
    If i = Len(x) + 1 Then flag = True Else flag = False
End Sub
```

4. 在窗体上画一个命令按钮，然后编写如下程序：

```
Function fun(ByVal num As Long) As Long
    Dim k As Long
    K = 1
    Num = Abs(num)
    Do While num
        k = k * (num Mod 10)
        num = num \ 10
    Loop
    fun = k
End Function
Private Sub Command1_Click()
    Dim n As Long
    Dim r As Long
    n = InputBox("请输入一个数")
    n = CLng(n)
    r = fun(n)
    Print r
End sub
```

程序运行后，单击命令按钮，在输入对话框中输入 234，输出结果是_____。

5. 下面程序的功能是产生 10 个小于 100（不含 100）的随机正整数，并统计其中 5 的倍数所占比例，但程序不完整，请补充完整。

```
Sub PR()
    Randomize
    Dim a(10)
    For j = 1 To 10
```

```
            a(j) = Int(  (1)  )
            If   (2)   Then k = k + 1
            Print a(j)
        Next j
        Print
        Print k / 10
    End Sub
```

6. 在窗体上画 1 个名称为 Command1 的命令按钮和 2 个名称分别为 Text1、Text2 的文本框，然后编写如下程序：

```
Function Fun(x As Integer, ByVal y As Integer) As Integer
    x = x + y
    If x < 0 Then
        Fun = x
    Else
        Fun = y
    End If
End Function
Private Sub Command1_Click()
    Dim a As Integer, b As Integer
    a = -10 : b = 5
    Text1.Text=Fun(a, b)
    Text2.Text=Fun(a, b)
End Sub
```

程序运行后，单击命令按钮，Text1 和 Text2 文本框显示的内容分别是＿＿(1)＿＿和＿(2)＿＿。

习题七　用户界面设计

一、选择题

1. 下面控件中没有 Caption 属性的是（　　）。
   A. 组合框　　　　B. 单选按钮　　　　C. 复选框　　　　D. 框架

2. 在程序运行时，下面叙述正确的是（　　）。
   A. 只装入而不显示窗体，也会执行窗体的 Form_Load 事件过程
   B. 单击窗体，会执行窗体的 Form_Click 事件过程
   C. 右击窗体中无控件的部分，会执行窗体的 Form_Load 事件过程
   D. 装入窗体后，每次显示该窗体，都会执行窗体的 Form_Click 事件过程

3. 设窗体上有名称为 Option1 的单选按钮，且程序中有语句：
   If Option1.Value = True Then
   下面语句中与该语句不等价的是（　　）。
   A. If Option1 Then　　　　　　　B. If Option1 =True Then
   C. If Value=True Then　　　　　D. If Option1.Value Then

4. 图像框有一个属性，可以自动调整图形，以适应图像框尺寸，这个属性是（　　）。
   A. LoadPicture　　B. Strech　　C. AutoRedraw　　D. AtuoSize

5. 下面语句分别要清除图片框 Picture1 中的图形，错误的是（　　）。
   A. Picture1.Picture=Loadpicture("")　　B. Picture1.DelPicture
   C. Picture1.Picture=Loadpicture()　　　D. Picture1.Picture=Nothing

6. 当一个复选框被选中时，它的 Value 属性的值是（　　）。
   A. True　　　B. 0　　　C. 1　　　D. 2

7. 设窗体上有一个水平滚动条，已经通过属性窗口把它的属性 Max 设置为 1，Min 属性设置为 100。下面叙述中正确的是（　　）。
   A. 程序运行时，若使滚动块向左移动，滚动条的 Value 属性值就增加
   B. 程序运行时，若使滚动块向左移动，滚动条的 Value 属性值就减少
   C. 由于滚动条的 Max 属性值小于 Min 属性值，程序会出错
   D. 由于滚动条的 Max 属性值小于 Min 属性值，程序运行时滚动条的长度会缩为一点，滚动快无法移动

8. 以下关于菜单的叙述中，错误的是（　　）。
   A. 如果把一个菜单项的 Enabled 属性设置为 False，则可删除该菜单项
   B. 弹出式菜单在菜单编辑器中设计

C. 在程序运行中可以增加或减少菜单项

D. 利用控件数组可以增加或减少菜单项

9. 只能用来显示字符信息的控件是（　　）。

　　A. 组合框　　　　B. 文本框　　　　C. 复选框　　　　D. 标签

10. 下面（　　）属性不是框架控件的属性。

　　A. Text　　　　B. Caption　　　　C. Left　　　　D. Enabled

11. 在窗体上画 3 个命令按钮，组成 1 个名为 ChkCommand 的控件数组，用于标志各个控件数组元素的参数是（　　）。

　　A. Tag　　　　B. ListIndex　　　　C. Index　　　　D. Name

12. 若窗体上的图片框中有 1 个命令按钮，则此按钮的 Left 属性是指（　　）。

　　A. 按钮中心点到图片框左端的距离　　B. 按钮左端到窗体左端的距离

　　C. 按钮左端到图片框左端的距离　　D. 按钮中心点到窗体左端的距离

13. Print 方法可以在对象上输出数据，这些对象包括（　　）。

　　A. 图像框　　　　B. 图片框　　　　C. 标题栏　　　　D. 代码窗口

14. 与键盘有关的事件有 KeyPress、KeyUp 和 KeyDown 事件，当用户按下并释放一个键后，这 3 个事件发生的顺序是（　　）。

　　A. KeyDown、KeyUp、KeyPress　　B. 没有规律

　　C. KeyPress、KeyUp、KeyDown　　D. KeyDown、KeyPress、KeyUp

15. 在窗体中有 1 个文本框 Text1，若在程序中执行了 Text1.SetFocus，则触发（　　）。

　　A. Text1 的 SetFocus 事件　　B. Text1 的 GotFocus 事件

　　C. Text1 的 LostFocus 事件　　D. 窗体的 GotFocus 事件

16. 以下关于 KeyPress 事件过程中参数 KeyAscii 的叙述中正确的是（　　）。

　　A. KeyAscii 参数可以省略

　　B. KeyAscii 参数是所按键的 ASCII 码

　　C. KeyAscii 参数是所按键上标注的字符

　　D. KeyAscii 参数的数据类型是字符型

17. 要清除组合框 Combo1 中的所有内容，可以使用（　　）语句。

　　A. Combo1.Clear　　B. Combo1.Delete　　C. Combo1.Cls　　D. Combo1.Remove

18. 要触发组合框的 DblClick 事件，要将组合框的 Style 属性设置为（　　）。

　　A. 1　　　　B. 2　　　　C. 3　　　　D. 0

19. 设窗体名称为 Form1，标题为 Win，则窗体的 MouseDown 事件过程的过程名是（　　）。

　　A. Form1_MouseDown　　B. Win_MouseDown

　　C. Form_MouseDown　　D. MouseDown_Form1

20. Visual Basic 中 InputBox() 函数建立的输入框属于（　　）。

　　A. 自定义对话框　　B. 通用对话框

　　C. 预定义对话框　　D. 都不是

21. 通用对话框中能打开"颜色"对话框的方法是（　　）。

　　A. ShowColor　　B. ShowPrinter　　C. ShowOpen　　D. ShowSave

22. 如果将窗体中的某个标签控件设置成不可见状态，应该设置标签控件的（　　）属性。

    A. Visible　　　　B. Enabled　　　　C. Default　　　　D. Value

23. 假定有如下事件过程：
```
Private Sub Form_MouseDown(Button As Integer,Shift As Integer,X as Single, _
Y As Single)
    If Button=2 Then
        PopupMenu popForm
    End If
End Sub
```
　　则以下描述中错误的是（　　）。

    A. 该过程的功能是弹出一个菜单

    B. PopForm 是在菜单编辑器中定义的弹出式菜单的名称

    C. Button=2 表示按下的是鼠标左键

    D. 参数 X、Y 指明鼠标的当前位置

24. 以下叙述错误的是（　　）。

    A. 弹出式菜单也在菜单编辑器中定义

    B. 在同一窗体的菜单项中，不允许出现标题相同的菜单项

    C. 在程序运行过程中，可以重新设置菜单的 Visible 属性

    D. 在菜单的标题栏中，"&" 所引导的字母指明了访问该菜单项的访问键

25. 单击滚动条的滚动箭头时，产生的事件是（　　）。

    A. Change　　　　B. Click　　　　C. Move　　　　D. Scroll

26. 下列关于键盘事件的说法中，正确的是（　　）。

    A. 大键盘的【1】键和数字键盘的【1】键的 KeyCode 码相同

    B. KeyDown 和 KeyUp 的事件过程中有 KeyAscii 参数

    C. KeyPress 事件中不能识别键盘上某个键的按下与释放

    D. 按下键盘上的任意一个键都会引发 KeyPress 事件

27. 计时器控件设置时间间隔的属性是（　　）。

    A. Interval　　　　B. Index　　　　C. Enabled　　　　D. Visible

28. 在窗体上有若干控件，其中有一个名为 Command1 的命令按钮，影响 Command1 的 Tab 顺序的属性是（　　）。

    A. TabStop　　　　B. TabIndex　　　　C. Visible　　　　D. Enabled

29. 确定一个控件在窗体上的位置的属性是（　　）。

    A. Width 或 Height　　　　B. Top 或 Left

    C. Width 和 Height　　　　D. Top 和 Left

30. 激活菜单栏的快捷键是（　　）。

    A.【F4】　　　　B.【Alt】　　　　C.【Ctrl】　　　　D.【F10】

31. 鼠标移动经过控件时，将触发控件的（　　）。

    A. MouseUp 事件　　　　B. MouseMove 事件

    C. Click 事件　　　　D. MouseDown 事件

32. 在窗体上画一个名称为 List1 的列表框,为了对列表框的每个项目都进行处理,应使用的循环语句为（　　）。
    A. For i = 1 to List1.ListCount
       …
       …
       …
       Next
    B. For i = 1 to List1.Count
       …
       …
       …
       Next
    C. For i = 1 to List1.ListCount - 1
       …
       …
       …
       Next
    D. For i = 1 to List1.Count - 1
       …
       …
       …
       Next

33. 要使菜单项 Menu1 在程序运行时失效,使用的语句是（　　）。
    A. Menu1.Visible=True
    B. Menu1.Enabled=True
    C. Menu1.Enabled=False
    D. Menu1.Visible=False

34. 以下关于图片框控件说法错误的是（　　）。
    A. 用 AutoSize 属性可以自动调整图片框中图形的大小
    B. 图片框不可以作为容器使用
    C. 清空图片框中图形的方法之一是加载一个空图形
    D. 可以通过 Print 方法在图片框中输出文本

35. 设有名称为 Vscroll1 的垂直滚动条,其 Max 属性为 100,Min 属性为 50,下列正确设置滚动条 Value 值的语句是（　　）。
    A. Vscroll1.Value=60
    B. Vscroll1.Value=20
    C. Vscroll1.Value=110
    D. Vscroll1.Value=100-50

36. 下列关于菜单的说法,错误的是（　　）。
    A. 菜单项的索引号必须是连续的
    B. 每个菜单项都是一个控件,与其他控件一样也有属性和事件
    C. 菜单项的索引号可以是不连续的
    D. 除了 Click 事件外,菜单项不能影响其他的事件

37. 在对话框关闭之前,不能继续执行应用程序的其他部分,这种对话框属于（　　）。
    A. 消息框
    B. 模式对话框
    C. 非模式对话框
    D. 输入框

38. 以下叙述错误的是（　　）。
    A. 在一个窗体文件中用 Private 定义的通用过程能被其他窗体调用
    B. 全局变量必须在标准模块中定义
    C. 一个工程可以包含多个窗体文件
    D. 若工程文件有多个窗体,可以根据需要指定一个窗体为启动窗体

39. 以下叙述错误的是（　　）。
    A. 不能把标准模块设置为启动模块
    B. 用 Hide 方法只是隐藏一个窗体,不能从内存中清除该窗体

C. 一个工程只能有一个 Sub Main 过程

D. 窗体的 Hide 和 UnLoad 方法完全相同

40. 组合框控件是将两个控件组合成一个控件，这两个控件是（　　）。

　　A. 标签控件和列表框控件　　　　B. 标签控件和文本框控件

　　C. 复选框控件和选项按钮控件　　D. 文本框控件和列表框控件

41. 要使两个单选按钮属于同一个框架，正确的操作是（　　）。

　　A. 先画 1 个框架，再在框架中画 2 个单选按钮

　　B. 先画 1 个框架，再在框架外画 2 个单选按钮，然后把单选按钮拖到框架中

　　C. 先画 2 个单选按钮，再用框架将单选按钮框起来

　　D. 以上 3 种方法都正确

42. 能够存放组合框的所有项目内容的属性是（　　）。

　　A. Caption　　　B. Text　　　C. List　　　D. Selected

43. 若已把一个命令按钮的 Default 属性设置为 True，则下面可导致按钮的 Click 事件过程被调用的操作是（　　）。

　　A. 右击此按钮　　　　　　　　B. 按【Esc】键

　　C. 按【Enter】键　　　　　　D. 右键双击此按钮

44. 窗体上有一个名称为 Hscroll1 的滚动条，程序运行后，当单击滚动条两端的箭头时，立即在窗体上显示滚动框的位置（即刻度值）。下面能够实现上述操作的事件过程是（　　）。

```
A. Private Sub Hscroll1_Change()
       Print Hscroll1.Value
   End Sub
B. Private Sub Hscroll1_Change()
       Print Hscroll1.SmallChange
   End Sub
C. Private Sub Hscroll1_Scroll()
       Print Hscroll1.Value
   End Sub
D. Private Sub Hscroll1_ Scroll ()
       Print Hscroll1.SmallChange
   End Sub
```

45. 窗体上有 1 个名称为 CD1 的通用对话框控件和由 4 个命令按钮组成的控件数组 Command1，其下标从左到右分别为 0、1、2、3，窗体外观如下图所示。

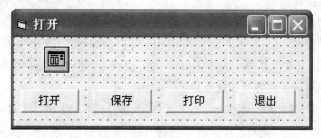

命令按钮的事件过程如下：
```
Private Sub Command1_Click(Index As Integer)
    Select Case Index
        Case 0:  CD1.Action = 1
        Case 1:  CD1.ShowSave
        Case 2:  CD1.Action = 5
        Case 3:  End
    End Select
End Sub
```
对上述程序，下列描述中错误的是（　　）。

A. 单击"打开"按钮，显示打开文件的对话框

B. 单击"保存"按钮，显示保存文件的对话框

C. 单击"打印"按钮，能够设置打印选项，并执行打印操作

D. 单击"退出"按钮，结束程序的运行

46. 窗体上有一个用菜单编辑器设计的菜单。运行程序，并右击窗体，弹出一个快捷菜单，如下图所示。

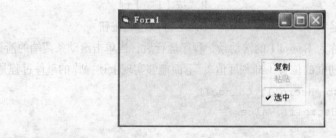

以下叙述中错误的是（　　）。

A. 在设计"粘贴"菜单项时，在菜单编辑器窗口中设置了"有效"属性（有"√"）

B. 菜单中的横线是在该菜单项的标题输入框中输入了一个"-"（减号）字符

C. 在设计"选中"菜单项时，在菜单编辑器窗口中设置"复选"属性（有"√"）

D. 在设计该弹出菜单的主菜单项时，在菜单编辑器窗口中去掉"可见"前面的"√"

47. 下面 4 个选项中，是 Visual Basic 事件的是（　　）。

　　A. Visible　　　　B. Load　　　　C. int　　　　D. Cint

48. 若菜单项前面没有内缩符号"..."，表示该菜单项是（　　）。

　　A. 子菜单项　　B. 主菜单项　　C. 下拉式菜单　　D. 弹出式菜单

49. 直线和形状控件是（　　）。

　　A. 内部控件　　　　　　　　B. 外部控件

　　C. ActiveX 控件　　　　　　D. 需要添加到工具箱的控件

50. 假定窗体上有 1 个文本框，名为 Text1，为了使该文本框的内容能够换行，并且具有水平和垂直滚动条。正确的属性设置为（　　）。

A. Text1.Multiline = True
   Text1.ScrollBars = 0

B. Text1.Multine = True
   Text.ScrollBars = 3

C. Text1.Multiline = = False
   Text1.ScrollBars = 0

D. Text1.MultiLine = False
   Text1.ScrollBars = 3

二、填空题

1. 将 C 盘根目录下的图形文件 tian.jpg 装入图片框 Picture1 的语句是_____。
2. 要显示列表框中 List1 中序号为 3 项目内容的语句是_____。
3. 为了使复选框禁用（即呈灰色），应把它的 Value 属性的值设置为_____。
4. 运行时动态增减菜单项目必须使用控件数组，相应增加菜单时需要采用___（1）___方法，减少菜单时需要采用___（2）___方法。
5. 在 Visual Basic 中，下拉式菜单在一个窗体上设计，窗体被分为菜单栏、子菜单区和_____。
6. 把窗体的 KeyPreview 属性设置为 True，并编写如下事件过程：

```
Private Sub Form_KeyDown(KeyCode As Integer, Shift As Integer)
    Print KeyCode
End Sub
Private Sub Form_KeyPress(KeyAscii As Integer)
    Print KeyAscii
End Sub
```

程序运行后，如果按【B】键，则窗体上输出的数值为___（1）___、___（2）___。

7. 设置计时器控件只能触发_____事件。
8. 若要设置当单击 2 个滚动箭头之间区域时滚动条的滚动幅度，需使用_____属性。
9. 自定义鼠标光标可在属性窗口中定义，也可用_____设置。
10. 用键盘选取菜单项通常有两种方法，即访问键和_____。
11. 在 Visual Basic 中，除了可以指定某个窗体为启动对象之外，还可以指定_____作为指定对象。
12. 假定在窗体上有 1 个通用对话框，其名称为 CommonDialog1，为了建立一个保存对话框，则需要将___（1）___属性设置为___（2）___，其等价的方法为___（3）___。

习题八 数据文件

一、选择题

1. 在下面关于顺序文件的描述中，正确的是（　　）。
   A. 顺序文件中每行的长度都是相同的
   B. 可以通过编程对文件中的某行方便地修改
   C. 数据以 ASCII 码的形式存放在文件中，所以可通过记事本打开
   D. 文件的组织结构复杂

2. 下面关于随机文件的描述不正确的是（　　）。
   A. 每条记录的长度必须相同
   B. 一个文件中记录号不必唯一
   C. 可通过编程对文件中的某条记录方便地修改
   D. 文件的组织结构比顺序文件复杂

3. 按存储信息的形式分类，文件可以分为（　　）。
   A. 顺序文件和随机文件　　　　　　B. ASCII 文件和二进制文件
   C. 程序文件和数据文件　　　　　　D. 磁盘文件和打印文件

4. 顺序文件是因为（　　）。
   A. 文件中的数据按每行的长度从小到大排序好的
   B. 文件中的数据按某个关键数据项从大到小进行顺序存放的
   C. 文件中的数据按某个关键数据项从小到大进行顺序存放的
   D. 数据按进入的先后顺序存放的，读出也是按原写入的先后顺序读出

5. 随机文件是因为（　　）。
   A. 文件中的内容是通过随机数产生的
   B. 文件中的记录号通过随机数产生的
   C. 可对文件中的记录根据记录号随机地读/写
   D. 文件的每条记录的长度是随机的

6. 文件号最大可取的值为（　　）。
   A. 255　　　　　　B. 511　　　　　　C. 512　　　　　　D. 256

7. 为了把一个记录型变量的内容写入文件中指定的位置，所使用的语句的格式为（　　）。
   A. Get 文件号,记录号,变量名　　　　B. Get 文件号,变量名,记录号
   C. Put 文件号,变量名,记录号　　　　D. Put 文件号,记录号,变量名

8. 以下叙述中正确的是（　　）。
   A. 一个记录中所包含的各个元素的数据类型必须相同
   B. 随机文件中每个记录的长度是固定的
   C. Open 命令的作用是打开一个已经存在的文件
   D. 使用 Input #语句可以从随机文件中读取数据
9. 目录列表框的 Path 属性的作用是（　　）。
   A. 显示当前驱动器或指定驱动器上的目录结构
   B. 显示当前驱动器或指定驱动器上的某目录下的文件名
   C. 显示根目录下的文件名
   D. 显示该路径下的文件
10. 在窗体上画 1 个名称为 Drive1 的驱动器列表框，1 个名称为 Dir1 的目录列表框，1 个名称为 File1 的文件列表框，2 个名称分别为 Label1、Label2，标题分别为空白和"共有文件"的标签。编写程序，使得驱动器打开一个保存文件的通用对话框。该窗口的标题为"Save"，缺省文件名为"SaveFile"，在"文件类型"栏中显示*.txt。则能够满足上述要求的程序是（　　）。

    A. `Private Sub Command_Click()`
    ```
        Commondialog1.FileName = "Savefile"
        Commondialog1.Filter = "All Files|*.*|(*.txt)|*.txt|(*.doc)|*.doc"
        CommonDialog1.Filterindex = 2
        CommonDialog1.Dial0g.title = "Save"
        CommonDialog1.Action = 2
    End Sub
    ```
    B. `Private Sub Command_Click()`
    ```
        Commondialog1.FileName = "Savefile"
        Commondialog1.Filter = "All Files|*.*|(*.txt)|*.txt|(*.doc)|*.doc"
        CommonDialog1.Filterindex = 1
        CommonDialog1.Dial0g.title = "Save"
        CommonDialog1.Action = 2
    End Sub
    ```
    C. `Private Sub Command_Click()`
    ```
        Commondialog1.FileName = "Save"
        Commondialog1.Filter = "All Files|*.*| (*.txt)|*.txt|(*.doc)|*.doc"
        CommonDialog1.Filterindex = 2
        CommonDialog1.Dial0g.title = "SaveFile"
        CommonDialog1.Action = 2
    End Sub
    ```
    D. `Private Sub Command_Click()`
    ```
        Commondialog1.FileName = "Savefile"
        Commondialog1.Filter = "All Files|*.*|(*.txt)|*.txt|(*.doc)|*.doc"
        CommonDialog1.Filterindex = 1
        CommonDialog1.Dial0g.title = "Save"
        CommonDialog1.Action = 1
    End Sub
    ```

11. 执行语句 Open "Tel.dat" For Random As #1 Len = 50 后，对文件 Tel.dat 中的数据能够执行的操作是（　　）。
   A. 只能写，不能读　　　　　　　B. 只能读，不能写
   C. 既可以读，也可以写　　　　　D. 不能读，不能写

12. 假定在窗体（名称为 Form1）的代码窗口中定义如下记录类型：
```
Private Type animal
    AnimalName As String * 20
    AColor As String * 10
End Type
```
在窗体上画 1 个名称为 Command1 的命令按钮，然后编写如下事件过程：
```
Private Sub Command1_Click()
    Dim rec As animal
    Open "C:\vbTest.dat" For Random As #1 Len = Len(rec)
    rec.animalName = "Cat"
    rec.aColor = "White"
    Put #1,, rec
    Close #1
End Sub
```
则以下叙述中正确的是（　　）。
   A. 记录类型 animal 不能在 Form1 中定义，必须在标准模块中定义
   B. 如果文件 C:\vbTest.dat 不存在，则 Open 命令执行失败
   C. 由于 Put 命令中没有指明记录号，因此每次都把记录写到文件的末尾
   D. 语句"Put #1,, rec"将 animal 类型的两个数据元素写到文件中

13. 假定在工程文件中有一个标准模块，其中定义了如下记录类型：
```
Type Books
    Name As String * 10
    TelNum As String * 20
End Type
```
要求当执行事件过程 Command1_Click 时，在顺序文件 Person.txt 中写入一条记录。下列能够完成该操作的事件过程是（　　）。

A.
```
Private Sub Command1_Click()
    Dim B As Books
    Open "C:\Person.txt" For Output As #1
    B.Name = InputBox("输入姓名")
    B.TelNum = InputBox("输入电话号码")
    Write #1, B.Name, B.TelNum
    Close #1
End Sub
```

B.
```
Private Sub Command1_Click()
    Dim B As Books
    Open "C:\Person.txt" For Input As #1
    B.Name = InputBox("输入姓名")
    B.TelNum = InputBox("输入电话号码")
    Print #1, B.Name, B.TelNum
    Close #1
End Sub
```

C. `Private Sub Command1_Click()`
    `Dim B As Books`
    `Open "C:\Person.txt" For Output As #1`
    `Name = InputBox("输入姓名")`
    `TelNum = InputBox("输入电话号码")`
    `Write #1, B`
    `Close #1`
`End Sub`

D. `Private Sub Command1_Click()`
    `Dim B As Book`
    `Open "C:\Person.txt" For Input As #1`
    `Name = InputBox("输入姓名")`
    `TelNum = InputBox("输入电话号码")`
    `Print #1, B.Name, B.TelNum`
    `Close #1`
`End Sub`

14. 目录列表框的 Path 属性的作用是（ ）。
    A. 显示当前驱动器或指定驱动器上的某目录下的文件名
    B. 显示当前驱动器或指定驱动器上的目录结构
    C. 显示根目录下的文件名
    D. 显示指定路径下的文件

15. Print # 1,STRl $ 中的 Print 是（ ）。
    A. 文件的写语句   B. 在窗体上显示的方法
    C. 子程序名   D. 以上均不是

16. 为了建立一个随机文件，其中每一条记录由多个不同数据类型的数据项组成，应使用（ ）。
    A. 记录类型   B. 数组   C. 字符串类型   D. 变体类型

17. 要从磁盘上读入一个文件名为 "D:\t1.txt" 的顺序文件，下面程序段正确的是（ ）。
    A. `F = "D:\t1.txt"`
       `Open F For Input As # 1`
    B. `F = "D:\t1.txt"`
       `Open "F " For Input As # 2`
    C. `Open  "D:\t1.txt " For Output As # 1`
    D. `Open  D:\t1.txt For Input As # 2`

18. 要从磁盘上新建一个文件名为 "D:\t1.txt" 的顺序文件，下面程序段正确的是（ ）。
    A. `F = "D:\t1.txt"`
       `Open F For Append As # 2`
    B. `F = "D:\t1.txt"`
       `Open "F " For Output As # 2`
    C. `Open  "D:\t1.txt " For Output As # 2`
    D. `Open  D:\t1.txt For Output As # 2`

19. 记录类型定义语句应出现在（　　）。
    A. 窗体模块
    B. 标准模块
    C. 窗体模块、标准模块都可以
    D. 窗体模块、标准模块均不可以

20. 要建立一个学生成绩的随机文件，如下定义了学生的记录类型，由学号、姓名、三门课程成绩（百分制）组成，下面程序段正确的是（　　）。

    A. Type stud
    　　no As Integer
    　　name As String
    　　mark (1 To 3)As Single
    　End Type

    B. Type stud
    　　no As Integer
    　　name As String * 10
    　　mark ( )As Single
    　End Type

    C. Type stud
    　　no As Integer
    　　name As String * 10
    　　mark (1 To 3) As Single
    　End Type

    D. Type stud
    　　no As Integer
    　　name As String
    　　mark (1 To 3) As Single
    　End Type

21. 为了使用上述定义的记录类型，对一个学生的各数据项通过赋值语句获得，其值分别为0901、"张明"、78、88、96，下面程序段正确的是（　　）。

    A. Dim S As stud
    　　stud.no = 0901
    　　stud.name = "张明"
    　　stud.mark = 78,88,96

    B. Dim S As stud
    　　S.no = 0901
    　　S.name = "张明"
    　　S.mark = 78,88,96

    C. Dim s As stud
    　　s.no = 0901
    　　s.name = "张明"
    　　s.mark (1) = 78
    　　s.mark (2) = 88
    　　s.mark (3) = 96

    D. Dim s As stud
    　　stud.no = 0901
    　　stud.name = "张明"
    　　stud.mark (1)= 78
    　　stud.mark (2)= 88
    　　stud.mark (3)= 96

22. 对已定义好的学生记录类型，要在内存存放10个学生的学习情况，如下数组声明：
    Dim s10(1 to 10) As Stud
    要表示第3个学生的第3门课程和该生的姓名，程序正确的是（　　）。

    A. s10(3).mark (3),s10(3).Name
    B. s3.mark (3),s3.Name
    C. s10(3).mark,s10(3).Name
    D. With s10(3)
    　　　.mark
    　　　.Name
    　End With

23. 要建立一个只有一个学生成绩（第22题中的记录）的随机文件，文件名为Stud.dat，则在下列程序段中正确的是（　　）。

    A. Open stud.dat For Random As # 1
    　Put # 1,1,s
    　Close # 1

    B. Open "stud.dat" For Random As # 1
    　Put # 1,1,s
    　Close # 1

C. Open "stud.dat" For Output As # 1
   Put # 1,1,s
   Close # 1
D. Open "stud.dat" For Random As # 1
   Put # 1,s
   Close # 1

24. 以下文件扩展名中，不属于程序文件的是（　　）。
    A. .exe　　　　B. .frm　　　　C. .mdb　　　　D. .vbp

25. 对随机文件操作，可使用下述（　　）语句向文件写入数据。
    A. Input　　　B. Write　　　C. Put　　　D. Get

26. 在文件列表框中，如果只允许显示文本文件类型的文件，则 Pattern 属性的正确设置是（　　）。
    A. *.txt　　　　　　　　　　B. Textl(*.txt)
    C. (*.txt)　　　　　　　　　D. 文本文件(.txt)

27. 在执行语句：Open "aa.dat" For Input As #1 后，对文件 aa.dat 中的数据能够执行的操作是（　　）。
    A. 不能读出，也不能写入　　　B. 可以读出，也可以写入
    C. 可以读出，不可以写入　　　D. 不可以读出，可以写入

二、填空题

1. 在 VB 系统中，可以使用 3 种数据文件，分别为＿＿(1)＿＿、＿＿(2)＿＿和二进制文件。

2. 文件的基本操作可以分为 3 个阶段，这 3 个阶段是＿＿(1)＿＿、＿＿(2)＿＿和＿＿(3)＿＿。

3. 对数据文件进行任何读/写操作之前，必须先用＿＿(1)＿＿语句打开该文件。数据文件读或写完之后，必须用＿＿(2)＿＿语句关闭文件。

4. 为了获得当前可使用的文件号，可以调用＿＿＿＿＿＿函数。

5. 建立名为 "D:\studl.txt" 的顺序文件，内容来自文本框，每按【Enter】键后写入一条记录，然后清除文本框中的内容，直到文本框内输入 "END" 字符串。请填空：
```
Private Sub Form_Load()
    ___(1)___
    Textl = ""
End Sub
Private Sub Textl_KeyPress(KeyAscii As Integer)
    If KeyAscii = 13 Then
        If ___(2)___ then
            Close #1
            End
        Else
            ___(3)___
            Textl = ""
        End If
    End If
End Sub
```

6. 将 D 盘根目录下的一个旧的文本文件 old.dat 复制到新文件 new.dat 中，并利用文件操作语句将 old.dat 文件从磁盘上删除。请填空：

```
Private Sub Command1_Click()
    Dim str1$
    Open "D:\ old.dat"   (1)    As #1
    Open "D:\ new.dat"   (2)
    Do While   (3)
        (4)
        Print # 2,str1
    Loop
    (5)
    (6)
End Sub
```

7. 在名称为Form1的窗体上画1个文本框,其名称为Text1,在属性窗口中把文本框的MultiLine属性设置为True,然后编写如下事件过程:

```
Private Sub Form_Click()
    Open "D:\estsmtext1.txt" For Input As #1
    Do While Not   (1)
        Line Input #1,aspect$
        whole$ = whole$ + aspect$ + Chr(13) + Chr(10)
    Loop
    Text1.Text = whole$
    Close #1
    Open "D:\ estsmtext2.txt" For Output As #1
    Print #1,   (2)
    Close #1
End Sub
```

上述程序的功能是:把磁盘文件 smtext1.txt 的内容读到内存并在文本框中显示出来,然后把该文本框中的内容存入磁盘文件 smtext2.txt,请填空。

8. 下面程序的功能是把文件 file11.txt 中重复字符去掉后(即若有多个字符相同,则只保留1个)写入文件 file2.txt。请填空。

```
Private Sub Command1__Click()
    Dim inchar AS String,temp AS String,outchar AS String
    outchar = ""
    Open = "file1.txt" For Input AS #1
    Open = "file2.txt" For Output AS    (1)
    n = LOF(   (2)   )
    inchar=Input$(n,1)
    For k=1 To n
        temp=Mid(inchar,k,1)
        If  InStr(outchar,temp) =    (3)    Then
            Outchar = outchar & temp
        End If
    Next k
    Print #2,   (4)
    Close #2
    Close #1
End Sub
```

9. 下面程序的功能是将文本文件"t2.txt"合并到"t1.txt"文件中。请填空。

```
Private Sub Command1_Click()
    Dim s$
    Open "t1.txt "   (1)
    Open "t2.txt "   (2)
    Do While Not EOF(2)
        Line Input #2,s
        Print #1,s
    Loop
    Close #1,#2
End Sub
```

10. 对已建立的有若干条记录的文件名为"D:\stud.dat"的随机文件,记录类型定义如下:

```
Type stud
    no As Integer
    name As String * 10
    mark (1 To 3) As Single
End Type
```

要读出记录号为 5 的记录并显示在窗体上,然后将其第 2 门课程成绩加 5 分,再写入原记录的位置,再读出,显示修改成功与否,请填空。

```
Private Sub Command1_Click()
    Dim s As stud,   (1)
    Open "D:\stud.dat" For Random As #1
        (2)
    Print s.no, s.name, s.mark (1), s.mark (2), s.mark (3)
       (3)
    Put #1,5, s
       (4)
    Print d.no, d.name, d.mark (1), d.mark (2), d.mark (3)
    Close #1
End Sub
```

11. 统计文本文件中各个字母出现的个数(不区分大小写),显示出现过的字母和出现的次数,如下图所示。

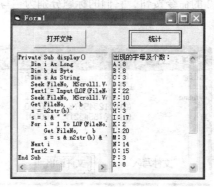

要求:

① 单击"打开文件"按钮,弹出通用对话框,选定文件后,文件内容显示在左边的文件框中。

② 单击"统计"按钮,统计结果显示在右边的文本框中。

"打开文件"事件过程如下:
```
Private Sub Command1_Click()
    Dim Str As String
    Text1.Text = ""
    CommonDialog1.ShowOpen
    Open   (1)   For Input As #1
    Do While Not EOF(1)
        Line Input #1, s
        Text1.Text = Text1.Text & s & vbCrLf
    Loop
    Close #1
End Sub
```
"统计"事件过程如下:
```
Private Sub Command2_Click()
    Dim i, j, s(26) As Integer, c As String * 1
    For i = 1 To   (2)
        c = UCase(Mid(Text1.Text, i, 1))
        If c >= "A" And c < "Z" Then
            j =   (3)
            s(j) = s(j) + 1
        End If
    Next i
    Text2.Text = "出现的字母及个数: " & vbCrLf
    For i = 0 To 25
        If s(i) <> 0 Then
            Text2.Text = Text2.Text &   (4)   & ": " & s(i) & vbCrLf
        End If
    Next i
End Sub
```

三、综合应用题

在考生文件夹下有一个工程文件 vbsj5.vbp,相应的窗体文件为 vbsj5.frm。在窗体 Form1 上有 2 个名称分别为 Cmd1 和 Cmd2 的命令按钮,它们的标题分别为"写入文件"和"读出文件",如下图所示。

其中"文件写入"命令按钮事件过程用来建立一个通信录,以随机存取方式保存到文件 dw1.dat 中;而"文件读出"命令按钮事件过程用来读出文件 dw1.dat 中的每条记录,并在窗体上显示出来。

通信录中的每条记录由 3 个字段组成:姓名(Name)、电话(Tel)和邮政编码(Pos)。

各字段的类型和长度为：

姓名（Name）：字符串 15。

电话（Tel）：字符串 15。

邮政编码（Pos）：长整型（Long）。

程序运行后，如果单击"文件写入"命令按钮，则可以随机存取方式打开文件 dw1.dat，并根据提示向文件中添加记录，每写入一条记录后，都要询问是否再输入新记录，回答"Y"（或"y"）则输入新记录，回答"N"（或"n"）则停止输入；如果单击"文件读出"命令按钮，则可以随机存取方式打开文件 dw1.dat，读出文件中的全部记录，并在窗体上显示出来。该程序不完整，请把它补充完整。

要求：

① 去掉程序中的注释符"!"，把程序中的问号"？"改为正确的内容，使其能正确运行，但不能修改程序中的其他部分。

② 文件 dw1.dat 中已有 3 条记录，请运行程序，单击"文件写入"命令按钮，向文件 dw1.dat 中添加以下 2 条记录（全部采用西文方式）：

```
Tom  (010)12345678  100000
Jim  (010)87654321  100001
```

③ 运行程序，单击"文件读出"命令按钮，在窗体上显示全部记录。

④ 用原来的文件名保存工程文件和窗体文件。

习题九　图形与多媒体应用

一、单选题

1. 坐标度量单位可通过（　　）来改变。
   A. DrawStyle 属性　　　　　　　B. DrawWidth 属性
   C. Scale 方法　　　　　　　　　D. ScaleMode 属性

2. 以下的属性和方法中（　　）可重定义坐标系。
   A. DrawStyle 属性　　　　　　　B. DrawWidth 属性
   C. Scale 方法　　　　　　　　　D. ScaleMode 属性

3. 当使用 Line 方法画线后，当前坐标在（　　）。
   A. (0, 0)　　　　　　　　　　　B. 直线起点
   C. 直线终点　　　　　　　　　　D. 容器的中心

4. 执行指令"Circle (1000,1000),500,8,−6,−3"将绘制（　　）。
   A. 圆　　　　B. 椭圆　　　　C. 圆弧　　　　D. 扇形

5. 执行指令"Line (1200,1200)–Step(1000,500),B"后，CurrentX=（　　）。
   A. 2200　　　B. 1200　　　　C. 1000　　　　D. 1700

6. 对象的边框类型由（　　）属性来决定。
   A. DrawStyle　　B. DrawWidth　　C. BorderSyle　　D. ScaleMode

7. 下列（　　）途径在程序运行时不能将图片添加到窗体、图片框或图像框的 Picture 属性。
   A. 使用 LoadPicture()方法　　　　B. 对象间图片的复制
   C. 通过剪贴板复制图片　　　　　　D. 使用拖放操作

8. 设计时添加到图片框或图像框的图片数据保存在（　　）。
   A. 窗体的 frm 文件　　　　　　　B. 窗体的 frx 文件
   C. 图片的原始文件内　　　　　　D. 编译后创建的 exe 文件

9. 窗体和各种控件都具有图形属性，下列（　　）属性可用于控件绘制。
   A. DrawStyle、DrawMode　　　　B. AutoRedraw、ClipControls
   C. FillStyle、FilleColor　　　　　D. ForeColor、BorderColor

10. 当窗体的 AutoRedraw 属性采用默认值时，若在窗体载入时要绘制图形，则绘图语句放在（　　）。
    A. Paint 事件　　　　　　　　　B. Load 事件
    C. Initialize 事件　　　　　　　D. Click 事件

11. 当使用 Line 方法时，参数 B 与 F 可组合使用，下列组合中（　　）不允许。
    A. BF　　　　　　B. F　　　　　　C. 不使用 B 与 F　　D. B
12. 下列所使用方法中，（　　）不能减少内存的开销。
    A. 将窗体设置的尽量小　　　　　　B. 使用 Image 控件处理图形
    C. 设置 AutoRedraw=False　　　　　D. 不设置 DrawStyle
13. 当对 DrawWidth 进行设置后，将影响（　　）。
    A. Line、Circle、Pset 方法　　　　　B. Line、Shape 控件
    C. Line、Circle、Point 方法　　　　D. Line、Circle、Pset 方法和 Line、Shape 控件
14. 命令按钮、单选按钮、复选框上都有 Picture 属性，可以在控件上显示图片，但需要通过（　　）来控制。
    A. Appearance 属性　　　　　　　　B. Style 属性
    C. DisablePicture 属性　　　　　　　D. DownPicture 属性
15. Cls 命令可清除窗体或图形框中（　　）的内容。
    A. Picture 属性设置的背景图案　　　B. 设计时放置的图片
    C. 程序运行时产生的图形和文字　　D. 以上全部

二、填空题

1. 改变容器对象的 ScaleMode 属性值，容器的大小_____改变，它在屏幕上的位置不会改变。
2. 容器的实际高度和宽度由 ___(1)___ 和 ___(2)___ 属性确定。
3. 设 Picture1.ScaleLeft= –200，Picture1.ScaleTop=250，Picture1.ScaleWidth=500，Picture1.ScaleHeight=-400，则 Picture1 右下角的坐标为_____。
4. 窗体 Form1 的左上角坐标为(-200,250)，窗体 Form1 右下角坐标为(300,-150)。X 轴的正向向_____，Y 轴的正向向上。
5. 当 Scale 方法不带参数，则采用_____坐标系。
6. PictureBox 控件的 AutoSize 属性设置为 True 时，_____能自动调整大小。
7. 使用 Line 方法画矩形，必须在指令中使用关键字_____。
8. 使用 Circle 方法画扇形，起始角、终止角取值范围为_____。
9. Circle 方法正向采用_____时针方向。
10. DrawStyle 属性用于设置所画线的形状，此属性受到_____属性的限制。
11. Visual Basic 提供的图形方法有：___(1)___ 清除所有图形和 Print 输出；___(2)___ 画圆、椭圆或圆弧；___(3)___ 画线、矩形、或填充框；___(4)___ 返回指定点的颜色值；___(5)___ 设置各个像素的颜色；___(6)___ 在任意位置画出图形。

习题十 数据库应用基础

一、选择题

1. 要使用数据控件返回数据库中的记录集,则需设置(　　)属性。
   A. Connect　　　　　　　　B. DatabaseName
   C. RecordSource　　　　　　D. RecordType

2. 数据控件的 Reposition 事件发生在(　　)。
   A. 移动记录指针前　　　　　B. 修改记录指针前
   C. 记录成为当前记录前　　　D. 记录成为当前记录后

3. 在记录集中进行查找,如果找不到相匹配的记录,则记录定位在(　　)。
   A. 首记录之前　　　　　　　B. 末记录之后
   C. 查找开始处　　　　　　　D. 随机记录

4. 下列(　　)组关键字是 Select 语句中不可缺少的。
   A. Select、From　　　　　　B. Select、Where
   C. Select、OrderBy　　　　 D. Select、All

5. 与"SELECT COUNT(cost)FROM Supplies"等价的语句是(　　)。
   A. SELECT COUNT(*)FROM Supplies WHERE cost <> NULL
   B. SELECT COUNT(*)FROM Supplies WHERE cost = NULL
   C. SELECT COUNT(DISTINCT prod_id)FROM Supplies WHERE cost <> NULL
   D. SELECT COUNT(DISTINCT prod_id)FROM Supplies

6. 在 SQL 的 UPDATE 语句中,要修改某列的值,必须使用关键字(　　)。
   A. Select　　　B. Where　　　C. DISTINCT　　　D. Set

7. 下列 Data1_Validate 事件的功能是(　　)。
   ```
   Private Sub Data1_Validate(Action As Integer, Save As Integer)
      If Save And Len(Trim(Text1.Text))= 0 Then
         Action = 0
      End if
   End Sub
   ```
   A. 如果 Text1 内数据发生变化,则关闭数据库
   B. 如果 Text1 内数据发生变化,则加入新记录
   C. 如果 Text1 内被置空,则确认写入数据库
   D. 如果 Text1 内被置空,则取消对数据库的操作

8. 在使用 Delete 方法删除当前记录后，记录指针位于（　　）。
   A. 被删除记录上   B. 被删除记录的上一条
   C. 被删除记录的下一条   D. 记录集的第一条
9. 在新增记录调用 Update 方法写入记录后，记录指针位于（　　）。
   A. 记录集的最后一条   B. 记录集的第一条
   C. 新增记录上   D. 添加新记录前的位置上
10. 数据绑定列表框 DBlist 和下拉式列表框 DBCombo 控件中的列表数据通过属性（　　）从数据库中获得。
    A. DataSource 和 DataField   B. RowSource 和 ListField
    C. BoundColumn 和 BoundText   D. DataSource 和 ListField
11. 当使用 Seek 方法或 Find 方法进行查找时，可以根据记录的（　　）属性判断是否找到了匹配的记录。
    A. Match   B. NoMath   C. Found   D. Nofound
12. 以下说法正确的是（　　）
    A. 使用 Data 控件可以直接显示数据库中的数据
    B. 使用数据绑定控件可以直接访问数据库中的数据
    C. 使用 Data 控件可以对数据库中的数据进行操作，却不能显示数据库中的数据
    D. Data 控件只有通过数据绑定控件才可以访问数据库中的数据

二、填空题

1. DB 是＿＿(1)＿＿的简称，DBMS 是＿＿(2)＿＿的简称。
2. 按数据的组织方式不同，数据库可分为 3 种类型，即＿＿(1)＿＿数据库、＿＿(2)＿＿数据库和＿＿(3)＿＿数据库。
3. 一个数据库可以有＿＿(1)＿＿个表，表中的＿＿(2)＿＿称为记录，表中的＿＿(3)＿＿称为字段。
4. 要使绑定控件能通过数据控件 Data1 链接到数据库上，必须设置控件的＿＿＿＿＿＿属性为 Data1。
5. 如果数据控件链接的是单数据表数据库，则＿＿(1)＿＿属性应设置为数据库文件所在的子文件夹名，而具体的文件名放在＿＿(2)＿＿属性。
6. 记录集的＿＿＿＿＿＿属性返回当前指针值。
7. 要设置记录集的当前指针，则需通过＿＿＿＿＿＿属性。
8. 记录集的 RecordCount 属性用于对 Recordset 对象中的记录计数，为了获得准确值，应先使用＿＿＿＿＿＿方法，再读取 RecordCount 属性值。

参考答案

习题一

一、选择题

1. C	2. C	3. A	4. A	5. D	6. C
7. C	8. A	9. D	10. C	11. B	12. A
13. A	14. A	15. D	16. D	17. C	18. B
19. C	20. B				

二、填空题

1. （1）学习版　　（2）专业版　　（3）企业版　　（4）企业版
2. .vbp
3. .bas
4. 窗体
5. （1）标准控件　　（2）ActiveX 控件　　（3）可插入对象
6. （1）文件　　（2）退出
7. （1）建立界面　　（2）设置属性　　（3）编写代码
8. Ctrl+"方向箭头"
9. Ctrl 或 Shift
10. 按字母顺序

习题二

一、选择题

1. A	2. C	3. D	4. B	5. B	6. C
7. C	8. B	9. A	10. A	11. A	12. D
13. C	14. C	15. D	16. D	17. B	18. A
19. B	20. C	21. D	22. D	23. A	24. C
25. C	26. C	27. B	28. A	29. B	30. A

二、填空题

1. 对象、属性、值
2. （1）视图　　（2）工具箱
3. 属性、对象、事件、方法
4. 事件、方法
5. 窗体对象

习题三

一、选择题

1. C	2. D	3. A	4. C	5. D	6. D
7. B D	8. C	9. A	10. D	11. D	12. C
13. A	14. C	15. C	16. A	17. B D	18. C
19. D	20. A	21. C	22. B	23. A	24. A
25. A	26. B	27. C	28. B	29. D	30. B
31. A	32. A	33. B	34. B	35. A	36. C
37. D	38. A	39. B			

二、填空题

1. 002,318.50
2. 29
3. [20,39]间的整数
4. Type
5. d
6. 561.25
7. 255
8. （1）"789456"　（2）"789456"
9. Science
10. False
11. (Cos(a+b)^2)/(3*x)+5
12. y>=0 and y<10

习题四

一、选择题

1. C	2. C	3. C	4. D	5. A	6. B
7. B	8. B	9. A	10. D	11. B	12. D
13. B	14. C	15. D	16. C	17. C	18. C
19. D	20. B	21. A	22. B	23. A	24. B
25. C	26. C	27. A	28. A	29. B	30. B
31. B	32. B	33. D	34. C	35. C	36. D
37. B	38. A	39. A	40. A	41. B	42. B
43. B	44. C	45. D	46. D	47. C	48. C
49. C	50. B	51. A	52. B	53. D	54. B
55. B					

二、填空题

1. （1）整型数值　　（2）字符串
2. （1）顺序结构　　（2）选择结构　　（3）循环结构
3. 33 或者 34
4. 9
5. 11　　13　　17　　19

6. 1

7. 7

8. （1）n>max （2）n<min （3）s=s-max-min

9. （1）Len(a) （2）Int(n / 2) （3）Mid(a, n – i + 1, 1)

　（4）Mid(a, n – i + 1, 1)

10. （1）Rnd * 101 （2）x Mod 5 （3）x

习题五

一、单选题

1. B	2. C	3. B	4. B	5. A	6. A
7. B	8. B	9. B	10. B	11. C	12. A
13. C	14. D	15. A	16. B	17. A	18. A
19. B	20. D	21. A	22. C	23. B	24. C
25. A	26. C	27. D	28. C	29. A	30. C
31. D	32. A	33. D	34. C	35. C	36. C
37. A	38. B	39. D	40. C	41. C	42. D
43. A	44. A	45. D			

二、填空题

1. （1）a(j, k) = I （2）Print Tab(j * 3); a(i, j); （3）Print

2. （1）Preserve a(n + 1) （2）a(i + 1) = a(i) （3）a(i + 1) = m

3. （1）t = a(j) （2）a(j) = a(j + 1)

4. 6–I

5. Print "S(";I;")=";S(I)

6. ReDim A(N)

7. Text1.Text & Labell(Index).Caption

8. （1）Form2.aaa(a,b,c1) （2）bbb a,b,c2

9. （1）30 （2）70

10. （1）Max （2）Max=arr1(i)

11. （1）12 或 arr1(1) （2）Min=arr1(i)

习题六

一、选择题

1. D	2. B	3. A	4. B	5. D	6. C
7. A	8. A C D	9. A	10. B	11. D	12. B
13. C	14. B	15. C	16. A	17. D	18. B
19. C	20. C	21. B	22. D	23. A	24. A
25. A	26. C	27. A	28. A	29. A	30. D

二、填空题

1. （1）a　　　　　　　　　　（2）ubound(b)
2. （1）form2.aaa(a,b,c1)　　（2）call bbb(a,b,c2)
3. flag
4. 24
5. （1）100*rnd　　　　　　　（2）a(j) mod 5=0
6. （1）–5　　　　　　　　　　（2）5

习题七

一、选择题

1. A	2. B	3. C	4. B	5. B	6. C
7. A	8. A	9. D	10. A	11. C	12. C
13. B	14. D	15. B	16. B	17. A	18. A
19. A	20. C	21. A	22. A	23. C	24. B
25. A	26. C	27. A	28. B	29. D	30. D
31. B	32. C	33. C	34. B	35. A	36. A
37. B	38. A	39. D	40. D	41. A	42. A
43. C	44. C	45. C	46. A	47. B	48. B
49. A	50. B				

二、填空题

1. Picture1.Picture=Loadpicture("c:\tian.jpg")
2. Print List1.List(2)
3. 2
4. （1）Load　　（2）Unload
5. 工作区
6. （1）66　　（2）98
7. Timer
8. LargeChange
9. 程序代码
10. 热键
11. Sub Main
12. （1）Action　　（2）2　　（3）ShowSave

习题八

一、选择题

1. C	2. B	3. A	4. D	5. C	6. B
7. D	8. D	9. A	10. C	11. C	12. C
13. A	14. B	15. A	16. A	17. A	18. D
19. B	20. C	21. C	22. A	23. B	24. C
25. C	26. A	27. C			

二、填空题

1. （1）顺序文件　　　　　　（2）随机文件

2. （1）打开文件　　　　　　（2）读写文件　　　　　　（3）关闭文件

3. （1）Open　　　　　　　　（2）Close

4. FreeFile

5. （1）Open "D:\studl.txt" For Output As #1　　　（2）UCase（Text1）= "END"

   （3）Print #1, Text1

6. （1）For Input　　　　　　（2）For Output As #2　　（3）Not EOF（1）

   （4）Line Input #1,str1　　 （5）Close #1, #2　　　　 （6）KILL　"D:\ old.dat"

7. （1）EOF(1)　　　　　　　（2）text1.text(或 whole$)

8. （1）#2　　　　　　　　　（2）1

   （3）0　　　　　　　　　　（4）outchar

9. （1）For Append As #1　　　　　　　　　　　　（2）For Input As #2

10. （1）d As stud　　　　　　　　　　　　　　　（2）Get #1, 5, s

    （3）s.mark (2) = s.mark (2) + 5　　　　　　　　（4）Get #1, 5, d

11. （1）CommonDialog1.FileName　　　　　　　（2）Len(Text1.Text)

    （3）Asc(c) – Asc("A")　　　　　　　　　　　　（4）Chr(i + Asc("A"))

三、综合应用题

略。

习题九

一、单选题

1. D　　　2. C　　　3. C　　　4. D　　　5. A　　　6. C
7. D　　　8. B　　　9. B　　　10. A　　　11. B　　　12. D
13. A　　　14. B　　　15. C

二、填空题

1. 不会

2. （1）ScaleHeight　　　　　（2）ScaleWidth

3. (300,–150)

4. 右

5. 默认

6. 图形框

7. B

8. $0 \sim 2\pi$

9. 逆

10. DrawWidth

11. （1）Cls　　　　　　　　（2）Circle　　　　　　　（3）Line

    （4）Point　　　　　　　 （5）Pset　　　　　　　　（6）PaintPicture

习题十

一、选择题

1. C	2. D	3. C	4. A	5. A	6. D
7. D	8. A	9. D	10. B	11. A	12. C

二、填空题

1. （1）database　　　　　（2）DataBase Management System
2. （1）层次型　　　　　（2）网状型　　　　　　（3）关系型
3. （1）多　　　　　　　（2）值　　　　　　　　（3）属性
4. DataSource
5. （1）DatabaseName　　（2）RecordSource
6. AbsolutePosition
7. BookMark
8. MoveLast

附　　录

附录 A　全国计算机等级考试二级 VB 考试大纲

公共基础知识部分

【基本要求】
- 掌握算法的基本概念。
- 掌握基本数据结构及其操作。
- 掌握基本排序和查找算法。
- 掌握逐步求精的结构化程序设计方法。
- 掌握软件工程的基本方法，具有初步应用相关技术进行软件开发的能力。
- 掌握数据的基本知识，了解关系数据库的设计。

【考试内容】

一、基本数据结构与算法

1. 算法的基本概念；算法复杂度的概念和意义（时间复杂度与空间复杂度）。
2. 数据结构的定义；数据的逻辑结构与存储结构；数据结构的图形表示；线性结构与非线性结构的概念。
3. 线性表的定义；线性表的顺序存储结构及其插入与删除运算。
4. 栈和队列的定义；栈和队列的顺序存储结构及其基本运算。
5. 线性单链表、双向链表与循环链表的结构及其基本运算。
6. 树的基本概念；二叉树的定义及其存储结构；二叉树的前序、中序和后序遍历。
7. 顺序查找与二分法查找算法；基本排序算法（交换类排序、选择类排序、插入类排序）。

二、程序设计基础

1. 程序设计方法与风格。
2. 结构化程序设计。
3. 面向对象的程序设计方法，对象、方法、属性及继承与多态性。

三、软件工程基础

1. 软件工程基本概念，软件生命周期概念，软件工具与软件开发环境。
2. 结构化分析方法，数据流图，数据字典，软件需求规格说明书。

3. 结构化设计方法，总体设计与详细设计。

4. 软件测试的方法，白盒测试与黑盒测试，测试用例设计，软件测试的实施，单元测试、集成测试和系统测试。

5. 程序的调试，静态调试与动态调试。

四、数据库设计基础

1. 数据库的基本概念：数据库，数据库管理系统，数据库系统。
2. 数据模型，实体联系模型及 E-R 图，从 E-R 图导出关系数据模型。
3. 关系代数运算，包括集合运算及选择、投影、连接运算，数据库规范化理论。
4. 数据库设计方法和步骤：需求分析、概念设计、逻辑设计和物理设计的相关策略。

专业语言部分

【基本要求】

- 熟悉 Visual Basic 集成开发环境。
- 了解 Visual Basic 中对象的概念和事件驱动程序的基本特性。
- 了解简单的数据结构和算法。
- 能够编写和调试简单的 Visual Basic 程序。

【考试内容】

一、Visual Basic 程序开发环境

1. Visual Basic 的特点和版本。
2. Visual Basic 的启动与退出。
3. 主窗口：
（1）标题和菜单；（2）工具栏。
4. 其他窗口：
（1）窗体设计器和工程资源管理器；（2）属性窗口和工具箱窗口。

二、对象及其操作

1. 对象：
（1）Visual Basic 的对象；（2）对象属性设置。
2. 窗体：
（1）窗体的结构与属性；（2）窗体事件。
3. 控件：
（1）标准控件；（2）控件的命名和控件值。
4. 控件的画法和基本操作。
5. 事件驱动。

三、数据类型及运算

1. 数据类型：
（1）基本数据类型；（2）用户定义的数据类型；（3）枚举类型。

2. 常量和变量：

（1）局部变量和全局变量；（2）变体类型变量；（3）缺省声明。

3. 常用内部函数。

4. 运算符和表达式：

（1）算术运算符；（2）关系运算符和逻辑运算符；（3）表达式的执行顺序。

四、数据输入/输出

1. 数据输出：

（1）Print 方法；（2）与 Print 方法有关的函数（Tab、Spc、Space $）；（3）格式输出（Format $）。

2. InputBox()函数。

3. MsgBox()函数和 MsgBox 语句。

4. 字形。

5. 打印机输出：

（1）直接输出；（2）窗体输出。

五、常用标准控件

1. 文本控件：

（1）标签；（2）文本框。

2. 图形控件：

（1）图片框、图像框的属性、事件和方法；（2）图形文件的装入；（3）直线和形状。

3. 按钮控件。

4. 选择控件：复选框和单选按钮。

5. 选择控件：列表框和组合框。

6. 滚动条。

7. 记时器。

8. 框架。

9. 焦点和 Tab 顺序。

六、控制结构

1. 选择结构：

（1）单行结构条件语句；（2）块结构条件语句；（3）IIf 函数。

2. 多分支结构。

3. For 循环控制结构。

4. 当循环控制结构。

5. Do 循环控制结构。

6. 多重循环。

7. GoTo 型控制：

（1）GoTo 语句；（2）On-GoTo 语句。

七、数组

1. 数组的概念：

（1）数组的定义；（2）静态数组和动态数组。

2. 数组的基本操作：

（1）数组元素的输入、输出和复制；（2）ForEach…Next 语句；（3）数组的初始化。

3. 控件数组。

八、过程

1. Sub 过程：

（1）Sub 过程的建立；（2）调用 Sub 过程；（3）调用过程和事件过程。

2. Function 过程：

（1）Function 过程的定义；（2）调用 Function 过程。

3. 参数传递：

（1）形参与实参；（2）引用；（3）传值；（4）数组参数的传递。

4. 可选参数和可变参数。

5. 对象参数：

（1）窗体参数；（2）控件参数。

九、菜单和对话框

1. 用菜单编辑器建立菜单。

2. 菜单项的控制：

（1）有效性控制；（2）菜单项标记；（3）键盘选择。

3. 菜单项的增减。

4. 弹出式对话框。

5. 通用对话框。

6. 文件对话框。

7. 其他对话框（颜色、字体、打印对话框）。

十、多重窗体与环境应用

1. 建立多重窗体程序。

2. 多重窗体程序的执行与保存。

3. Visual Basic 工程结构：

（1）标准模块；（2）窗体模块；（3）SubMain 过程。

4. 闲置循环与 DoEvents 语句。

十一、键盘与鼠标事件过程

1. KeyPress 事件。

2. KeyDown 事件和 KeyUp 事件。

3. 鼠标事件。

4. 鼠标光标。

5. 拖放。

十二、数据文件

1. 文件的结构与分类。

2. 文件操作语句和函数。
3. 顺序文件：
（1）顺序文件的写操作；（2）顺序文件的读操作。
4. 随机文件：
（1）随机文件的打开与读写操作；（2）随机文件中记录的添加与删除；（3）用控件显示和修改随机文件。
5. 文件系统控件：
（1）驱动器列表框和目录列表框；（2）文件列表框。
6. 文件基本操作

考 试 方 式

上机考试，考试时长 120 分钟，满分 100 分
1．题型及分值
单项选择题 40 分（含公共基础知识部分 10 分）
基本操作题 18 分
简单应用题 24 分
综合应用题 18 分
2．考试环境
Microsoft Visual Basic 6.0。

附录 B　VB 程序设计基础实验报告格式要求

写实验报告要求目的明确、内容充实、步骤清晰，实验结论正确，实验小结真实生动。一份完整的实验报告，通常由以下几部分组成：

1. 实验名称。
2. 实验目的。
3. 实验内容。
4. 实验过程。
5. 结果的评定及分析。
6. 对实验中存在的问题、数据结果等进行总结。

【模块一】

实验名称：结构化程序设计方法

一、实验目的

1. 掌握 VB 中数据输入、输出的方法。
2. 掌握顺序结构程序设计。
3. 掌握选择结构程序设计（单分支、双分支、多分支及情况语句的使用）。
4. 掌握循环的规则和程序设计方法（For 语句、Do While 与 Do...loop While 语句的使用）。
5. 掌握如何控制循环条件，防止死循环或不循环。

二、实验内容

1. 根据用户输入的考试成绩（百分制，若有小数则四舍五入），输出相应的等级。具体说明如下：分数 90~100，对应等级"优秀"；分数 80~89，对应等级"良好"；分数 70~79，对应等级"中等"；分数 60~69，对应等级"及格"；分数<60，对应等级"不及格"。界面自行设计。

2. 利用随机函数产生 10 个 1~100 之间的随机数，显示出最大值，最小值及平均值。界面自行设计。

3. 编写程序，在窗体上输出如图 B-1 所示的图形。

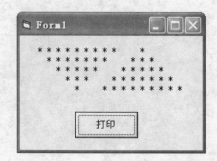

图 B-1 打印图形

要求：给出源程序、原始数据（如果需要）以及最后的输出结果。

三、上机中出现的问题及程序的调试过程

四、上机总结与体会

【模块二】

实验名称：数组、过程及常用算法

一、实验目的

1. 掌握数组的使用方法。
2. 掌握字符串的基本操作。
3. 掌握过程的定义和调用方法。
4. 掌握变量和过程的作用域。
5. 掌握排序方法的 3 种算法。
6. 掌握数据查找的基本方法。

二、实验内容

1. 运动员成绩排序。某单位开运动会，共有 10 人参加男子 100 米短跑，运动员号和成绩如下：

207 号	14.5 秒	077 号	15.1 秒
156 号	14.2 秒	231 号	14.7 秒
453 号	15.2 秒	276 号	13.9 秒
096 号	15.7 秒	122 号	13.7 秒
339 号	14.9 秒	302 号	14.5 秒

要求按成绩进行排序，并在窗体上输出名次、运动员号和成绩。

2. 编写程序，求 $S=1!+2!+\cdots+10!$，要求分别用 Sub 子过程和 Function 过程两种方法定义求 $n!$ 的过程，然后调用该过程求出 S 的值。

3. 输入一段英文，找出字母 a 出现次数最多的英文单词。

要求：给出源程序、原始数据（如果需要）以及最后的输出结果。

三、上机中出现的问题及程序的调试过程

四、上机总结与体会

【模块三】

实验名称：VB控件的综合应用

一、实验目的

1. 掌握常用控件的使用方法。
2. 掌握控件属性的设置方法。
3. 掌握编辑事件代码的方法。
4. 掌握各种控件的综合应用。

二、实验内容

1. 编写运行界面如图B-2所示的计时程序。要求：单击"开始"按钮，如图B-2（a）所示，标签中的数字每隔一秒减1，当标签中的数字为0时，则停止减1，标签中显示"时间到"，运行界面如图B-2（b）所示。

（a）实验内容1运行界面(一)　　　　　　（b）实验内容1运行界面(二)

图B-2　计时程序

2. 设计一个计算机配置选择程序，如图B-3所示。当用户单击"OK"按钮后，在右边的文本框中显示所选择的信息。

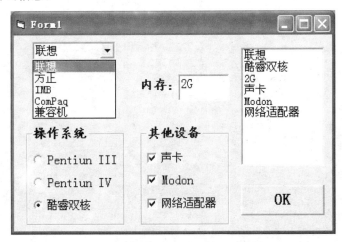

图B-3　计算机配置选择程序

3. 在窗体上添加一个图片框和一个滚动条。在图片框中装入一个图片，通过单击滚动条改变图片框的大小。滚动条的变化范围为0～10。每次单击滚动条时，图片框增加或缩小尺寸为50。运行界面如图B-4所示。

图 B-4　题 3 运行界面

要求：给出以上各题目所涉及的事件代码。

三、上机中出现的问题及程序的调试过程

四、上机总结与体会